微生物種類

微生物依據結構、功能等分為多個類別，而在我們人體中，主要有細菌、病毒、真菌及古菌，有益也有害。

……微生……表面、……身體無害。結構簡單，有細胞壁，沒有細胞核。形狀多樣，有球狀、螺旋狀、棒狀等。

例子 幽門螺旋桿菌、擬桿菌、乳桿菌、雙歧桿菌

屬非細胞生物，由核酸及蛋白質外殼組成，含有遺傳物質。形狀和大小各異，有螺旋形、正二十面體形、包膜形及複合形。病毒能引起傷風、感冒等疾病，但也能令身體產生免疫反應，以病毒製作疫苗就是一種方法。

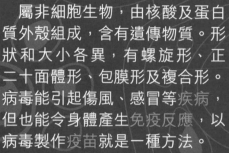

例子 噬菌體、伊波拉病毒、麻疹病毒

具有細胞核及膜胞器，以菌絲形式生長，有多條分支。真菌能引發麴菌病、念珠菌症等嚴重疾病，也會引起皮膚病及過敏症等。

例子 酵母菌、念珠菌

微生物的分佈

微生物遍佈我們身體內外，絕大部分集中在食物和水分充足的腸道，種類過千種，重量達兩公斤，剩餘則分佈在口腔、鼻孔、皮膚等。

跟細菌同樣沒有細胞核，形狀有球體、棒體、方體、螺旋體等。它能產生幫助消化的甲烷。

例子 甲烷短桿菌

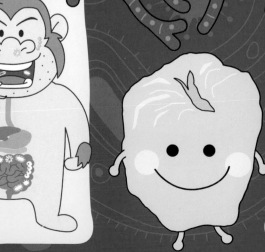

體內微生物的誕生

為甚麼我們身上有那麼多微生物？
是由一出生就有的嗎？
這個要由我們還在母體內開始說起。

胎兒時期

由於母體的子宮沒有微生物，胎兒可說是在無菌環境下孕育成形。

出生

自然產

嬰兒經過母體產道出生，會接觸到陰道和腸道的微生物，這些微生物便開始在嬰兒身上繁殖，形成一個微生物菌羣。

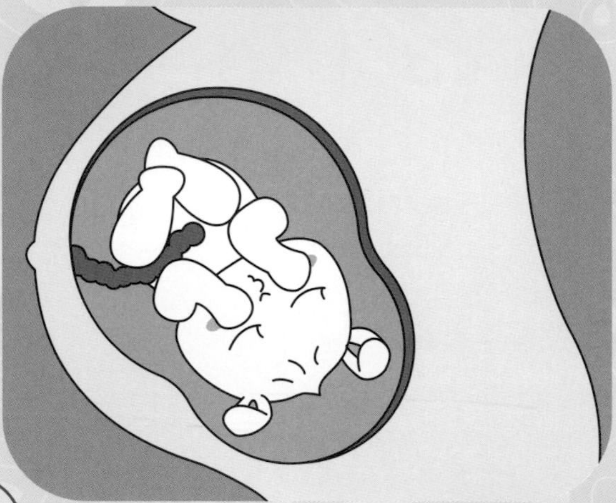

剖腹產

剖腹嬰兒由於沒有通過母親的陰道，接觸到微生物的品種和數量自然較自然產的嬰兒少，這或會對建立良好免疫系統有所影響，須依靠母乳及其他食品補充。

餵哺方法

母乳

健康母親的母乳中含有多個有益菌種，包括雙歧桿菌、乳桿菌、擬桿菌等，初生嬰兒可以透過餵哺獲取，令體內的微生物菌羣多樣化，有效阻隔病原體，增強免疫力。

配方奶粉

雖然奶粉的成分接近母乳，但仍有多種營養元素及菌種無法複製，包括免疫球蛋白、免疫調節因子、雙歧桿菌等。

太乾淨會致病？

現代父母過於保護孩子，為免沾染細菌，不讓其親近大自然和動物，變相少接觸微生物，這樣會影響小孩體內微生物的多樣性及穩定性，導致免疫力下降，也會增加患過敏症機會。

以清潔劑過度消毒家居環境和物品，當中的化學物質不但會殺死人體上的正常菌羣，也有機會引致濕疹、哮喘等過敏反應。

酒精

腸道微生物重要性

腸道有「第二個大腦」之稱，有着複雜的神經系統，是人體非常重要的器官，而腸道內的生態也是健康關鍵。

腸道內有過千種微生物，主要分為病原菌及共生菌，幽門螺旋桿菌、沙門氏菌等病原菌可引起疾病，但只佔極少數。腸內大部分為共生菌，一般不會致病，更肩負多個重要角色，維持人體健康。

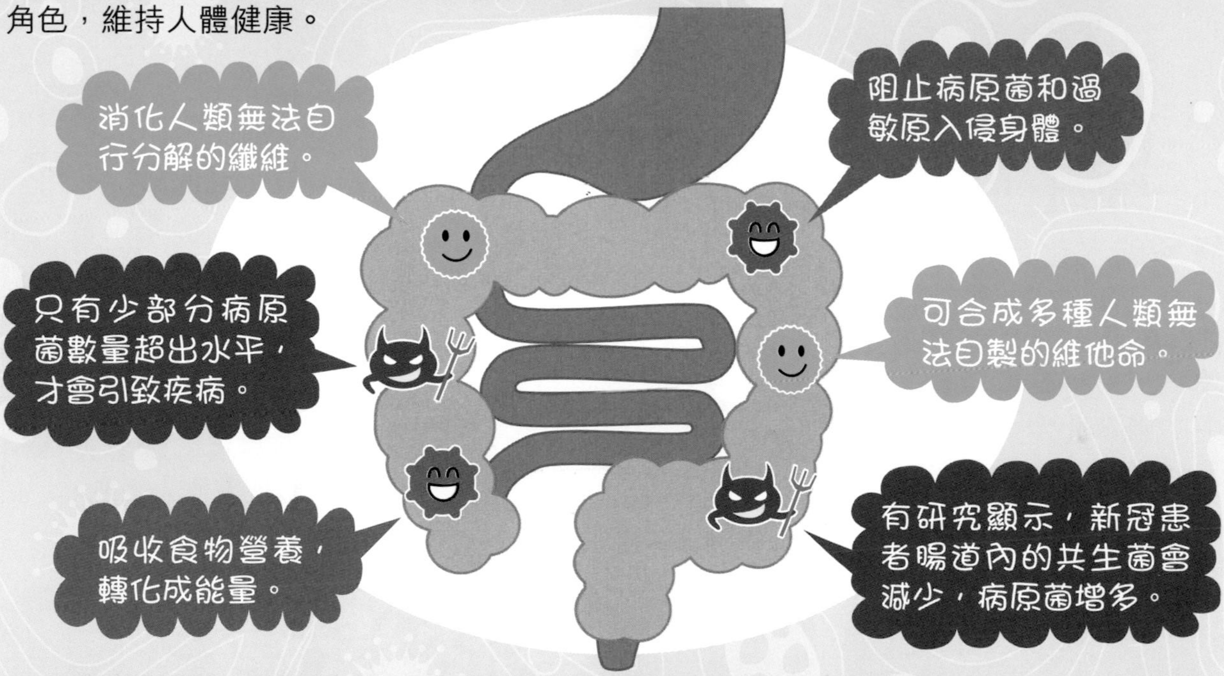
消化人類無法自行分解的纖維。
阻止病原菌和過敏原入侵身體。
只有少部分病原菌數量超出水平，才會引致疾病。
可合成多種人類無法自製的維他命。
吸收食物營養，轉化成能量。
有研究顯示，新冠患者腸道內的共生菌會減少，病原菌增多。

腸道微生物影響大腦？

大腦和腸道同樣是重要器官，兩者雖有距離，但能透過「腸腦軸」進行溝通，主要途徑就是迷走神經，是一種由腦幹延伸至大腸的腦神經。所以腸道微生物會直接影響腦部運作，萬一失衡，會誘發腦部疾病。

影響情緒、思考及行為

- 人體中有兩種可穩定情緒的賀爾蒙：血清素和多巴胺，前者佔 95% 由腸道產生，後者則有 50% 在腸道合成，所以擁有健康的腸道微生態，自然會感到快樂。
- 腸道菌失衡會對記憶力和判斷力有負面影響。
- 當吃飽的時候，腸道會通知大腦，停止進食。

與疾病的關連

有研究發現，當腸內菌失調（病原菌多，共生菌少），會導致腸黏膜發炎，腸內菌不能製造多巴胺、血清素，更失去保護腦部細胞屏障，可能會出現憂鬱、焦慮等病症，甚至引起柏金遜症及阿茲海默症等嚴重腦部疾病。

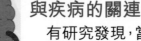

多形擬桿菌

特徵

擬桿菌是一種厭氧、無芽孢的小桿菌，在人體中大量存在。

- 擬桿菌屬的其中一種。
- 主要集中在腸道。
- 腸道內數量最多的細菌。

主要功用

降解碳水化合物

多形擬桿菌能合成超過260種酶（部分酶更是此菌獨有），能降解植物類食品中的碳水化合物，再轉化成葡萄糖及易消化的醣類，令人體容易吸收。

馳名「瘦菌」擬桿菌

瘦菌是指「能降低人體脂肪含量，延緩體重增長」的瘦身腸道菌，擬桿菌正是其中一種。它不會完全吸收食物熱量，也有控制食慾和抑制脂肪儲存之效。

在身形苗條者的腸道裏，擬桿菌數量會比肥胖人士多。

雙歧桿菌

特徵

- 末端分叉，故名「雙歧」。
- 分佈於消化道及口腔。
- 在初生嬰兒腸道已發現，尤其被母乳餵哺者。
- 會隨年齡增長減少。

主要功用

腸道淨化器

能促進排便、治療慢性腹瀉。此外還有阻隔病原菌、合成人體需要維他命、增強免疫力等作用，是最有益腸道菌。現多應用於保健產品、醫藥、食品等。

益生菌之王青春雙歧桿菌

雙歧桿菌屬，活躍於消化道，也能在母乳中發現。它能修復受損腸道黏膜，免受壞菌入侵，更具增加抗體和免疫細胞功能。

乳桿菌

特徵

- 又名乳酸菌，存活於人體腸道。
- 最佳繁殖溫度約 40℃，正是人體大概溫度。
- 能將食物中碳水化合物發酵成乳酸。
- 形態多樣，有棒狀及球狀，單個及鏈狀。

主要功用

維持消化機能

保持消化暢順，也能改善腸道微生態，提高防護力。此外還有通便，治療胃痛、過敏、腹瀉、濕疹等症狀，也可預防感冒及呼吸道感染。

乳酸菌 = 益生菌？

顧名思義，益生菌就是指對身體有益的微生物，大部分益生菌都是乳酸菌，但只有少數乳酸菌可稱為益生菌，即是在 200 多種乳酸菌中，真正對人體有益的並不多。以下這些乳酸菌就是其中幾種益生菌。

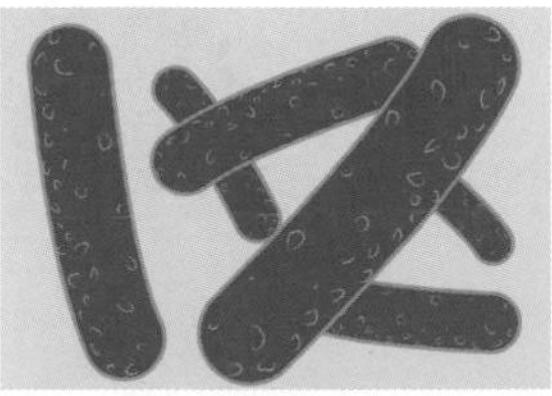

▲嗜酸乳桿菌
常見於小腸，能分泌乳酸，抑制病原菌，也可降低膽固醇。

▼比菲德氏菌
活躍於大腸，能維持腸道細菌叢生態平衡，幫助排便。

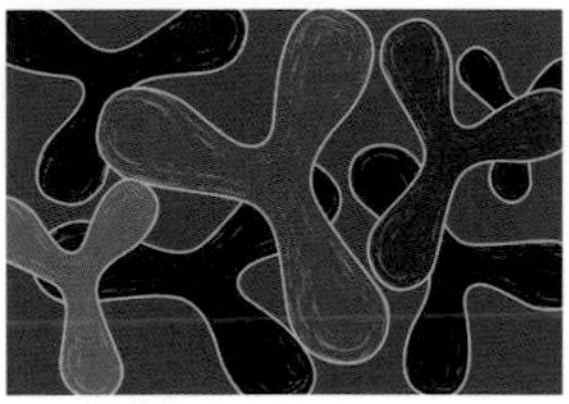

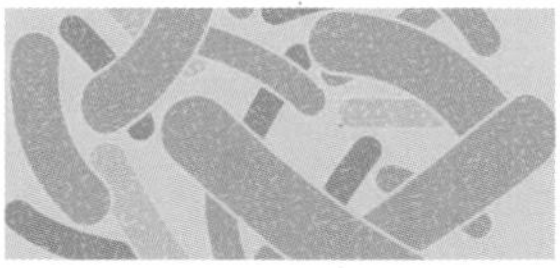

▲乾酪乳桿菌
乳酸飲品中的主要成分，生長於大腸、小腸及口腔，可存活 15 天以上。可調節腸道細菌叢生態，提升免疫力等。

▼鼠李糖乳桿菌
存活於大腸及小腸，能促進細胞分裂，治療腹瀉，預防過敏及呼吸道感染等。

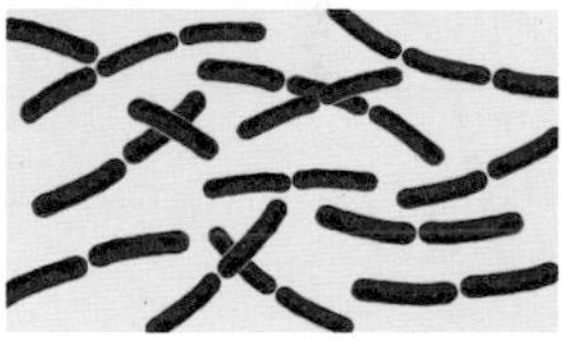

發酵益生菌食品

▲乳酪
以牛奶加入乳酸菌及雙歧桿菌發酵，可加強免疫力、預防骨質疏鬆、幫助消化等。

▼納豆
日本健康食品，以黃豆蒸煮發酵而成。可預防心血管疾病、骨質疏鬆等。

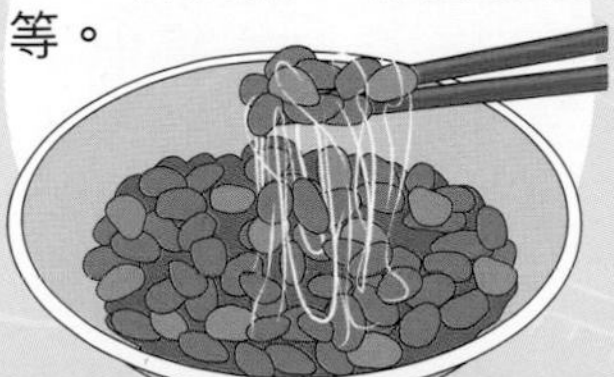

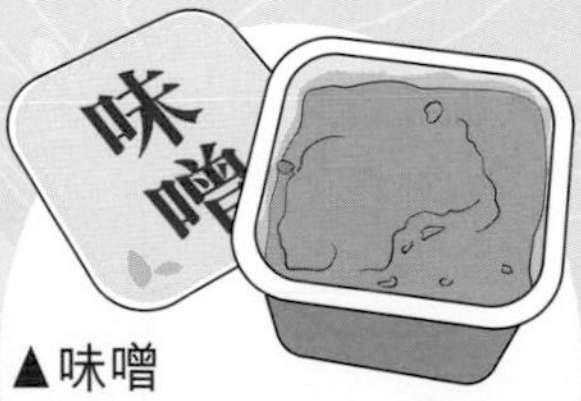

▲味噌
以蒸煮大豆加入麴、鹽發酵，可製成湯品或醬料。含豐富乳酸菌、蛋白質、氨基酸等，也可預防癌症。

▼泡菜
韓國傳統食品，以蔬菜加入鹽、辣椒粉、大蒜等醃製。在發酵過程中會產生多種乳酸菌，可抗炎、降膽固醇、防癌等。

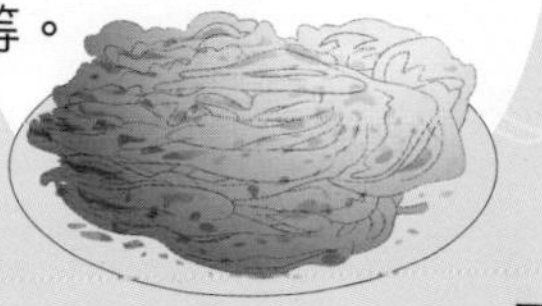

食草酸桿菌

主要功用

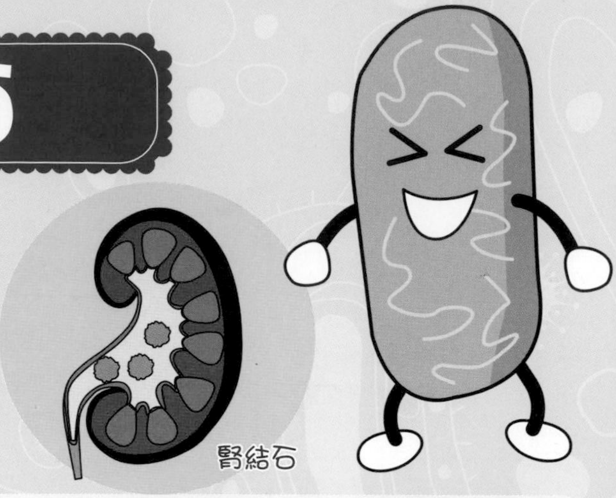

預防腎結石

植物中含有草酸，若攝入過量或積聚過多，有機會患上高草酸尿症，形成腎結石。食草酸桿菌分佈於人體結腸內，有助分解草酸。

我們體內有食草酸桿菌，就不用怕患上腎結石啦。
並非一勞永逸的啊。

隨年齡增長，食草酸桿菌數量會逐漸減少，所以不過量進食含草酸較高的食物，如菠菜、馬鈴薯、番茄等，可減輕草酸的攝取。

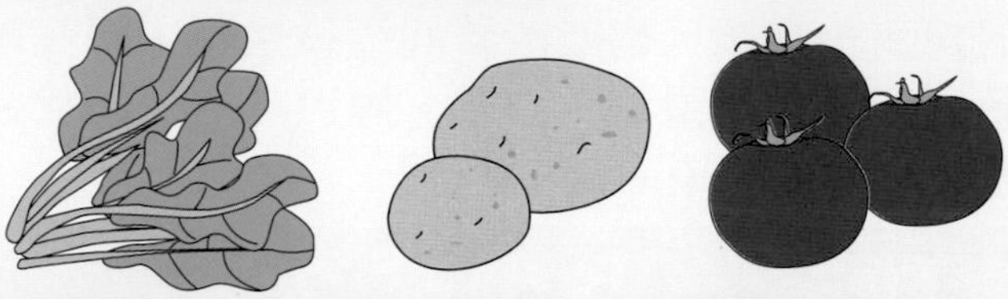

噬菌體

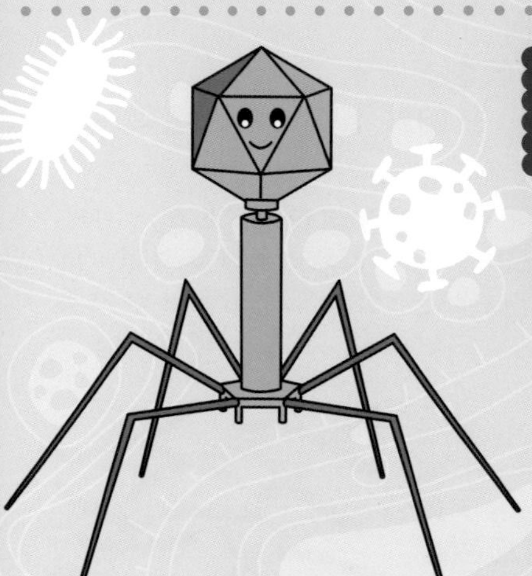

主要功用

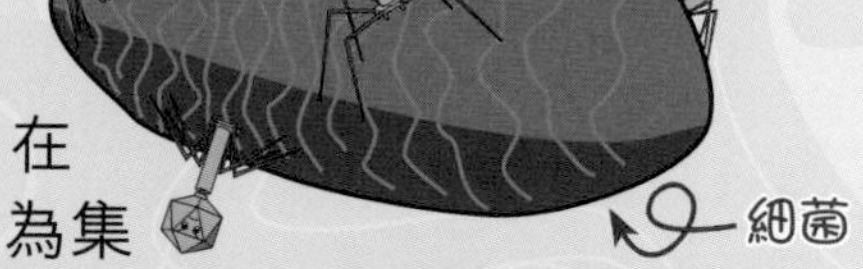

消滅致病細菌

以細菌為宿主的病毒，在充滿細菌羣落的腸道裏最為集中。它能在細菌內複製繁殖，令細菌裂解死亡。噬菌體曾被發現可消滅引致霍亂、痢疾等致命病菌。

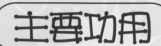

在醫學上的貢獻

由於噬菌體對細菌有特定針對性，故在醫學上常被利用進行細菌鑑定及分類，目標比抗生素更為精準明確。

甲烷短桿菌

主要功用

幫助消化

古菌一種。生長於人類及反芻動物腸道，會將氫氣轉化為甲烷，促進消化，產生熱量。不過在過程中會產生氣體，造成放屁。

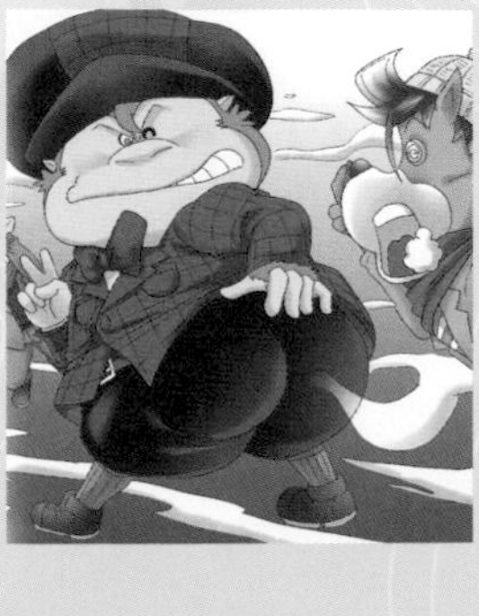

益菌的敵人

抗生素

抗生素是甚麼？

我們生病時都服用過的抗生素又名抗菌素，1928 年由微生物學家發明，最初由青黴菌提煉而成，可殺死或阻止細菌繁殖，還能應用於化療及器官移植等。

濫殺細菌

由於大部分抗生素屬於廣譜型，即是會殺死大部分細菌，不論好與壞，這樣不僅會影響腸道細菌的種類及數量，令腸道菌生態失衡，更有可能引起腹瀉及腸道炎症等副作用。經常或過量服用會令細菌產生抗藥性，甚至出現超級細菌。

雖然停止服用抗生素後，細菌數量及種類會回升，但都不能回復至原來狀態。

我覺得身體好多了，可以自行停服抗生素嗎？

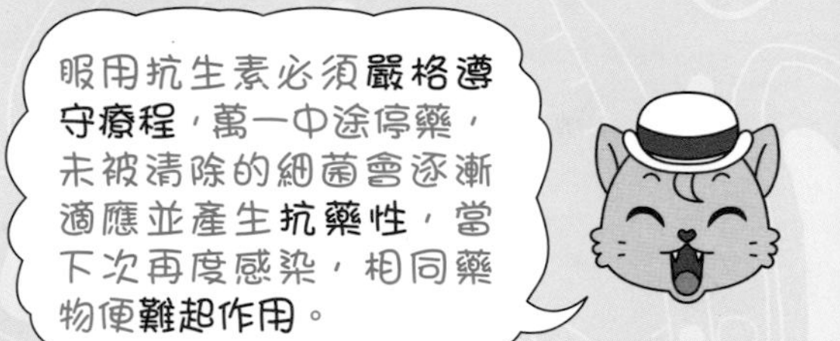

服用抗生素必須嚴格遵守療程，萬一中途停藥，未被清除的細菌會逐漸適應並產生抗藥性，當下次再度感染，相同藥物便難起作用。

含糖食物

SUGAR

增胖菌減瘦菌

我們若常進食含高單糖食物（如葡萄糖、果糖），會阻礙體內瘦菌生長，令胖菌增加，吸收更多熱量，增加體重。

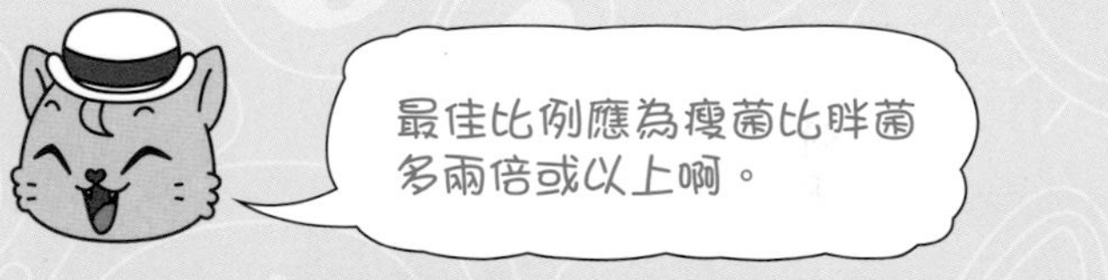

最佳比例應為瘦菌比胖菌多兩倍或以上啊。

瘦菌代表：	VS	胖菌代表：
擬桿菌、雙歧桿菌、阿克曼氏菌		厚壁菌
主要功能：		**主要功能：**
燃燒脂肪、減少熱量、控制食慾、降低體重。		分解碳水化合物、促進消化、吸收脂肪。

小知識 獨一無二的微生物菌羣

我們體內住着上百兆個微生物，但菌種和數量就像指紋般各有不同，會按國籍、年齡、生活及飲食習慣而異。例如日本人體內有一種普通擬桿菌，可分泌酵素以消化海藻類食物；而年齡愈大，體內的食草酸桿菌數量愈少等等。

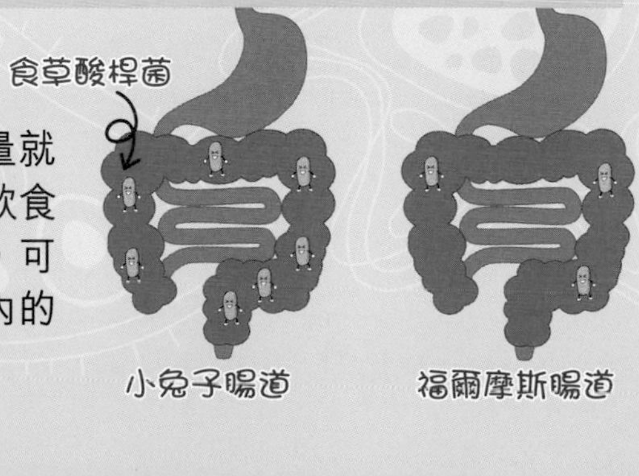

小兔子腸道
福爾摩斯腸道

改善微生物生態

微生物對健康有舉足輕重作用，提高體內微生物多樣性及維持平衡極為重要，不僅增強免疫力，也有效應對過敏、炎症、抑鬱、新冠肺炎、癌症等。

除了恆常運動、定時作息，飲食得宜是維持微生態健康的重要元素。

定時進食

不偏食

進食發酵食品補充益生菌。

蔬菜、水果等植物性食物含豐富膳食纖維，可促進體內微生物健康生長，提升多樣性及抑制壞菌數量。

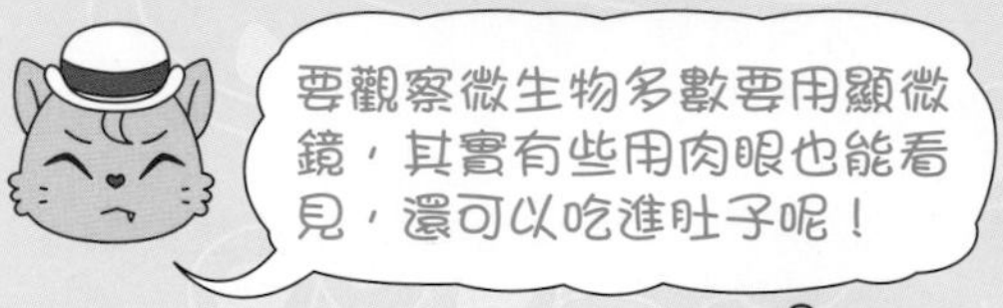

要觀察微生物多數要用顯微鏡，其實有些用肉眼也能看見，還可以吃進肚子呢！

食品級微生物

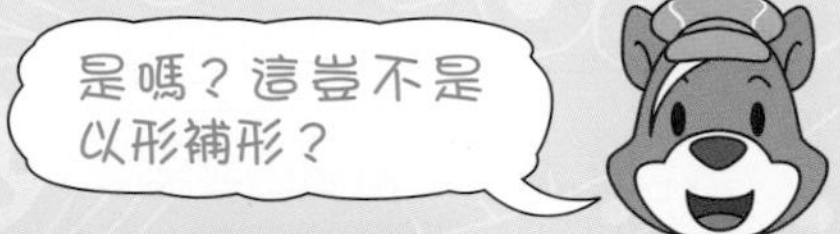

是嗎？這豈不是以形補形？

菇菌常被誤認為植物，實質屬可食用大型真菌，生長於樹幹、植物根莖或昆蟲上。

一般會以菌絲形式生長成子實體（包括菌傘及菌柄），再產生孢子繁殖。

植物VS真菌

雖然植物和真菌都有細胞壁，但植物含葉綠素，會進行光合作用吸取養分；真菌沒有葉綠素，須以分解動植物殘骸或有機物獲取營養。真菌沒有種子，只能靠孢子進行繁殖。

常見菇菌

蘑菇

在黑暗環境也能生長。含豐富蛋白質、氨基酸、膳食纖維及多種維他命，可提升免疫力。

木耳

多寄生於陰暗潮濕的樹幹上，由最初透明的菌絲體，生長至深褐色的子實體。蘊含膳食纖維、鈣及鐵，也能降血脂及膽固醇。

冬蟲草

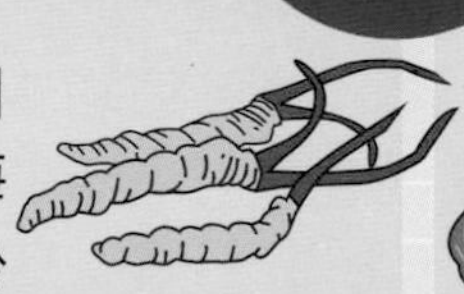

屬珍稀食用菌，生長於高海拔地帶，寄生於土裏幼蟲並吸取其養分。具補腎補氣，回復精力之效。

靈芝

菌蓋呈腎形，有6種顏色分類，具養心安神、益氣、抑制頑疾細胞等功效。

要令腸道微生態系統正常運作，從食物中吸取各種營養素非常重要啊！
營養素？有哪幾種？

營養素是指食物中的養分，可促進人體生長、維持健康及修護組織。人體必須吸收七大類營養素，缺一不可。

七種營養素

蛋白質

功能

由細胞以至肌肉組織、骨骼、牙齒、毛髮等的重要組成部分，約佔人體重量五分一。能製造及修補身體組織，並提供能量（1 克蛋白質可提供 4 千卡路里）。

組成蛋白質的分子為氨基酸，當中有 9 種氨基酸必須透過食物攝取。

分類

完全蛋白質：
有齊所有氨基酸，多來自動物性食物，例如雞蛋、肉類、海鮮、牛奶等。

Phe Val Thr Trp Ile Leu Met Lys His

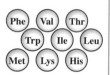

不完全蛋白質：
缺乏一至數種氨基酸，多來自植物性食物，包括五穀及蔬菜，但也有部分植物性食物含完全蛋白質，例如大豆、藜麥等。

Phe Trp Thr Leu Met His

攝取量

應為人體每天所需能量的 10% 至 15%。若缺乏蛋白質，會出現肌肉無力、免疫力下降等症狀；如攝取過量，蛋白質會轉化成脂肪囤積體內。

脂肪

功能

學名為「甘油三酸脂」，能提供大量能量（1 克脂肪提供 9 千卡路里），並有保持體溫、保護器官、構成細胞膜及運送脂溶性維他命 A、D、E、K 功效。

分類

飽和脂肪：含飽和脂肪的食物多為動物脂肪，在室溫下呈固體，包括沙律醬、牛油、肉類等。

單元不飽和脂肪：不飽和脂肪以植物性脂肪為主，在室溫下呈液體，耐高溫，橄欖油、棕櫚油屬單元種類，能降低壞膽固醇。

多元不飽和脂肪：例如粟米油、葵花籽油等，降膽固醇效果比單元不飽和脂肪更佳，也能稀釋血液濃度、降血壓及提升免疫系統。

攝取量

應為人體每天所需能量的 20% 至 35%（飽和脂肪不應多於 10%）。若過量攝取，會引致肥胖、高血壓、心臟病、糖尿病等；如吸收不足，會對皮膚、情緒、髮質等造成影響。

碳水化合物

功能

蛋白質和脂肪以外的主要熱量來源（1 克碳水化合物提供 4 千卡路里），主要由碳、氫及氧組成，會分解成糖分，讓人體吸收。

分類

簡單碳水化合物：
即是糖，容易被身體吸收。可再分為單糖及雙糖，單糖只有一個單糖分子，果糖、葡萄糖屬於單糖，當中以葡萄糖最重要，是腦部能量來源。雙糖有兩個單糖分子，例子有乳糖（奶類）、麥芽糖、蔗糖等。

複合碳水化合物：
即澱粉及膳食纖維，如蔬菜、豆類、水果、堅果等，由多於兩個單糖分子組成，富含纖維及礦物質，被視為「好」的碳水化合物。

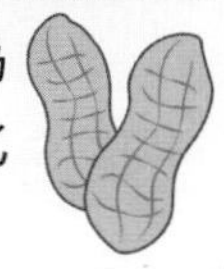

攝取量

應為人體每天所需能量的 55% 至 75%（以複合碳水化合物為主）。吸收過量會有肥胖、糖尿病、高血壓、心臟病等風險；缺乏碳水化合物會引致疲倦、注意力不集中、飢餓、煩躁等。

礦物質

功能

指從食物中攝取的無機化合物，主要能平衡體液、傳送神經訊號、凝固血液、促進新陳代謝。

分類

巨量礦物質：人體需求較多的元素，包括鈣、鎂、磷、鉀、鈉等。
微量礦物質：人體需求較少，包括碘、鐵、鋅等。

礦物質	代表食物	功用
鈣	奶、芝麻	鞏固骨骼及牙齒。
鎂	堅果、穀物、豆類	鞏固骨骼、降低膽固醇。
磷	麥片、動物肝臟	調節體內酸鹼平衡。
鉀	水果、蔬菜、牛奶	維持體液平衡。
鈉	鹽、豉油、加工肉類	維持體液平衡、令神經系統正常運作。
碘	海產、藻類、雞蛋	製造甲狀腺素。
鐵	紅肉、深綠色蔬菜	輔助血液輸送氧氣到不同部位。
鋅	海產、肉類、奶類	製造酵素、修復傷口。

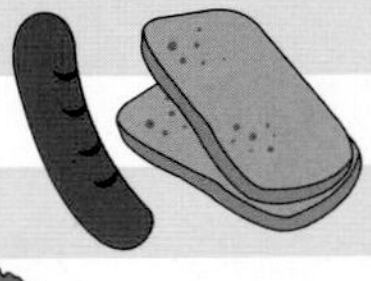

攝取量

按礦物質種類而異。缺乏礦物質會對肌肉、心臟、骨質有不良影響；過多會導致腹瀉及阻礙其他礦物質吸收。

膳食纖維

功能

來自植物的元素，不能被人體消化，但可維持腸道健康，增強免疫力。

分類

水溶性：
包括豆類、水果、麥片等，可與油脂結合後排出體外，具降膽固醇、穩定血糖之效。

非水溶性：
包括全穀麥食物、蔬菜等，吸水後會發脹，能促進腸臟蠕動、預防便秘、防止腸癌等。

攝取量

成年人每天應攝取不少於 25 克，兒童則按年齡加 5 克（例：7 歲＋5 克＝ 12 克）。攝取不足或過量都會引致腸胃不適及便秘。

維他命

功能

多種有機化合物統稱，能維持細胞及器官功能、促進新陳代謝及預防多種慢性疾病。

分類

脂溶性：
能溶於脂肪，從食物中的脂肪吸收，並儲存於體內，維他命 A、D、E、K 正屬此種。

維他命
A、D、E、K

水溶性：
包括維他命 B、C，可溶於水，吸收後多餘的會隨尿液排出體外。

維他命
B、C

攝取量

缺乏維他命會令新陳代謝紊亂而引發各種疾病，過量攝取或有中毒危險。

水

功能

佔人體的 70%，具調節體溫、促進消化及吸收、輸送養分及排走廢物功效。

攝取量

按性別、年齡、體重而異，缺水會引致口渴、體能下降、皮膚乾燥、無法排毒等；過量喝水有可能出現中毒，產生頭痛、噁心、呼吸困難、血壓上升等症狀。

我們的身體和微生物需要食物中的營養生存，而有益微生物可維持人類健康，三者是密不可分的啊！

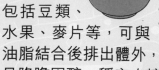

大偵探福爾摩斯
SHERLOCK HOLMES
實戰推理短篇
鬼屋驚魂

夏洛克
天資聰穎，長大後成為了倫敦最著名的私家偵探。

厲河=原案／監修　陳秉坤=小説／繪畫
陳沃龍、徐國聲=着色

猩仔
少年時代的李大猩，頑皮又好勝。

「快拉出來了！拉出來了！」猩仔蹲在地上大叫。

「活該！人家請客，你就拚命吃，不吃壞肚子才怪！」夏洛克**幸災樂禍**。

原來，這天雷斯為了答謝夏洛克與猩仔協助偵破女童綁架案，特別請兩人享用了一頓豐盛的下午茶。吃完後回家途中，猩仔卻忽然按着肚子痛得**呼天搶地**，看來就要拉肚子了。

「我……嗚……只是給他面子才……吃多一點罷了……嗚……」猩仔已痛得**臉容扭曲**，但仍想爭辯。

「吃多一點？你足足吃了四個人的分量呀。」夏洛克沒好氣地說，「雷斯先生看到賬單時，被嚇得手也瑟瑟發抖啊。」

「你……可以少說些廢話嗎？我……快忍不住了……快點替我找廁所……拜託……」猩仔已忍得漲紅了臉。

「廁所嗎？」夏洛克想了想，「這附近沒有公廁，也沒有店鋪，總不能隨便跑進一家民居借廁所吧？」

「哎呀，**我快憋死了**……你想想辦法吧……」猩仔蹲在地上按着肚子，看來真的快忍不住了。

「呀！我想起來了，附近有一間荒廢了的鬼屋，應該有廁所！」

「鬼屋？」猩仔瞪大眼說，「不會

真的有鬼吧？」

「你怕鬼嗎？」夏洛克斜眼看着猩仔，「怕的話，只能**就地解決**。我回家了，你慢慢拉吧。」

「不！我去鬼屋！快帶路！」猩仔慌忙叫道。

「知道了。你要忍住呀，跟我走吧。」

不一刻，兩人來到一個寫着「**不准內進**」的圍欄前面。他們攀過圍欄，再穿過一條兩旁盡是枯樹的小路後，終於看到一座**陰森可怖**的古老大宅。只見它的前院長滿雜草，外牆上不但滿佈藤蔓，牆身的油漆也大都剝落了，看起來就像一隻**巨大的癩蛤蟆**趴在前方。

「哇……好恐怖啊……」猩仔看着大宅，不禁倒抽了一口涼氣。

「這大宅已荒廢很久，聽説最近被人收購了。但不知怎的又盛傳這裏常常**鬧鬼**。」

「嗚……」突然，猩仔的肚子又作動了。

「怎麼？要進去嗎？」

「當……當然！否則就拉出來了！」猩仔已忘記了恐怖，他按着屁股急步往前奔，直往大門衝去。

「喂！等等！」夏洛克連忙跟上。

「**砰**」的一聲，猩仔猛力踢開大宅的破門，並看着前方叫道：「呀！廁所！廁所在那兒！」説完，他已一股腦兒奔了過去。

夏洛克抬頭一看，只見一個「**TOILET→**」的標記指向前方地庫的入口。

「**拉了！拉了！拉了！**等等等等！別拉出來呀！」猩仔**自顧自地**一邊大叫，一邊奔下了地庫。

「喂！你別到處亂闖呀。」夏洛克慌忙跟着猩仔下了樓梯。地庫的木門已打開了，內裏看來是一個廚房，比起滿佈灰塵的上層，這裏看來還**格外整潔**。

「荒廢了的鬼屋怎會有個廚房呢？」夏洛克走進去後，發現木門的左邊還有一個書櫃，正當感到疑惑之際，忽然「**砰**」的一聲，身後的門關上了。接着，還發出像是上鎖了的聲音。

「啊？」夏洛克慌忙回身擰動門把，卻發覺木門已經被緊緊地鎖上了。與此同時，他還發現門旁的牆上有**8個像撲克牌大小的格子**，格子上方有些數字，下方又有些英文字母，不知道有何用途。

此時，「廁所呀！得救了！我得救啦！」猩仔興奮的叫聲傳來，看來他已找到了廁所。

開不了門，夏洛克只好走進廚房**循聲尋去**，果然，在最裏面的位置有一個廁所。當他正在猶豫要不要進去時，裏面已傳出一陣「**嘭嘭砰砰**」的爆響，嚇得他慌忙**閉氣掩鼻**。

這邊廂，猩仔在經歷一輪**山洪暴發**後，終於感覺「**如釋重負**」，暢快了許多。

「呼……好舒服啊！」猩仔鬆了一口氣後，這才看到牆角放着一個大木桶，桶的上方有一個滴着水的**水龍頭**，旁邊的桶內則插着一根**洗衣棒**，看來這個廁所也用作洗衣房。不過，當他定睛細看時，卻發現一件白色襯衫搭在木桶外，但它的上面佈滿**斑斑駁駁**的紅點，看來就像——

「那……那些……**難道是血**？」猩仔不禁赫然。

但他想了想，馬上搖搖頭，自言自語地笑道：「哈，自己嚇自己，一定是襯衫沾上了污跡才要洗呀，怎會是血呢。哈哈哈！」

「喂！你怎樣呀？拉清了嗎？」這時，外面傳來了夏洛克的叫問。

「拉清啦！我馬上就出來。」猩仔說着，就往旁邊找了找，卻看不到廁紙。

於是，他又叫道：「喂！這裏沒有**廁紙**呀！新丁1號，我命令你，馬上給我找些來！」

「甚麼？找廁紙？我只是負責幫助你查案，才不要幫你找廁紙！」

「哎呀，我沒廁紙擦屁股，又怎樣指導你查案呀。快去找吧！」

「算了、算了，找就找吧。」

接着，猩仔聽到夏洛克跑遠了。不一刻，猩仔又聽到他跑回來。

「喂，我只找到**一張紙**，你省着用啊。」夏洛克在門外說。

「甚麼？只得一張？怎能擦得乾淨啊！」

「只找到一張啊。不夠用的話，就用你自己的**領結**來擦吧。」

「甚麼？用領結？算了，一張就一張吧。」猩仔沒奈何。

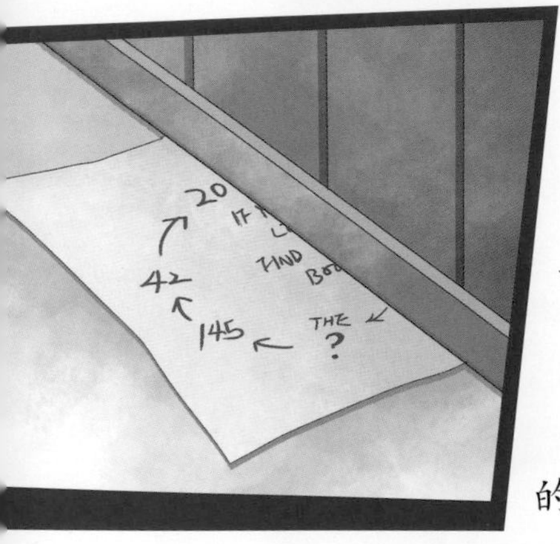

接着，一陣**窸窸窣窣**的聲音響起，一張紙從門縫下面插了進來。

「唔？」猩仔彎身撿起一看，發現紙上寫着一組**奇怪的數字**。

「紙上怎會有字的？是甚麼意思？」猩仔問。

「我也不知道啊！」夏洛克應道，「是在廚房的桌上找到的。」

「算了，管它甚麼意思。」猩仔**無暇細想**，草草把屁股擦個乾淨。然後，他用力拉一拉沖廁的繩子，就把馬桶沖乾淨了。

當他正想穿上褲子時，木桶上方的水龍頭發出了「**嘰**」的一下尖響。接着，「**嘩啦**」一聲，水龍頭突然自己開了，還噴出了**紅色的水柱**！同一剎那，插在木桶內的那根洗衣棒也忽然「**咔嘞咔嘞**」地轉動起來。

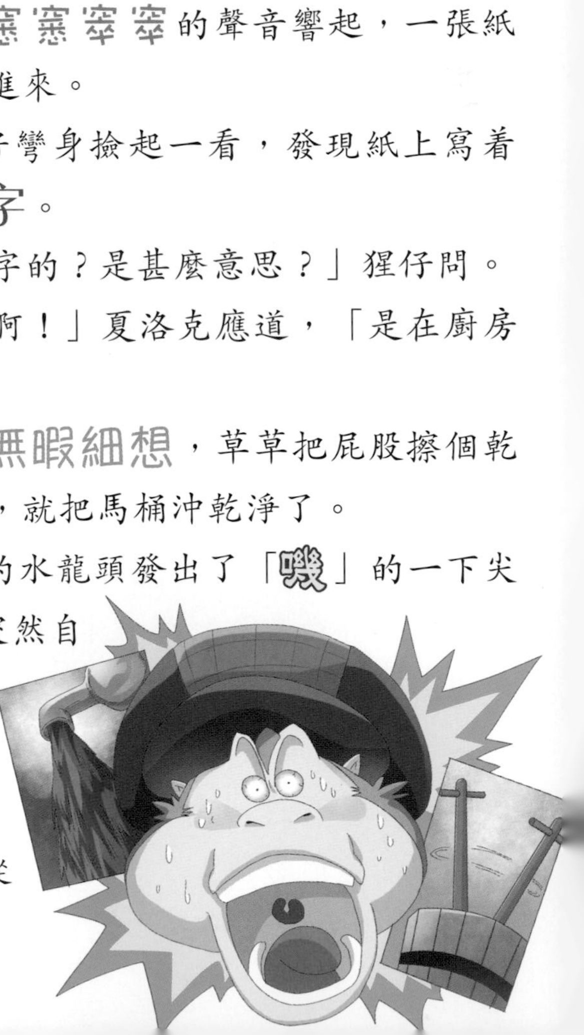

「**哇！**」猩仔大驚之下，差點從馬桶上滾了下來。

「血！是血呀！有鬼！逃！要快逃！」猩仔慌忙拉起褲子就往外衝，可是，他「砰」的一聲撞到門上，門卻沒有應聲而開。

「怎會這樣的？我剛才沒有鎖門呀！」猩仔慌了。

「怎麼啦？」門外的夏洛克問。

「有鬼！有鬼呀！快！快！快幫我開門吧！」

「好！我試試看！」接着，門外響起了急促擰動手把的聲響。

「好像鎖上了，外面也沒法打開啊！」夏洛克說。

木桶上方的水龍頭仍「嘩啦嘩啦」地噴下血紅色的水柱，看樣子就要從木桶內溢出來了。

猩仔急得如熱窩上的螞蟻，只懂得大叫：「救命呀！救命呀！」

「喂！冷靜一點！」夏洛克在門外叫道，「可能是門鎖生鏽卡住了，再試試開吧！」

「啊！知道了！」猩仔慌忙再試。可是，這時他卻注意到——

「咦？門柄上面好像寫着些甚麼！」猩仔向門外說。

「甚麼？你快看清楚，究竟寫着甚麼？」夏洛克叫問。

「寫着『LOOK IN THE MIRROR』！」

「啊！叫你照照鏡嗎？那麼，快去照照吧！」

猩仔聞言，馬上去找鏡子。這時，他才發現牆上有一面被黑布覆蓋着的鏡子。於是，他走過去用力一拉！

「哇呀！」猩仔看到鏡子時，登時高聲慘叫。

「又怎麼啦？」門外的夏洛克大聲問。

「沒……沒甚麼，我只是被自己的樣子嚇着了。」猩仔看着鏡裏自己驚恐萬狀的臉容，不禁苦笑。

「哎呀，被你氣死啦。快看看鏡子除了你的樣子外，還有甚麼吧！」

「啊？」猩仔定睛一看，「鏡子上有一些用唇膏寫的奇怪符號。」

「是甚麼？唸出來看看。」

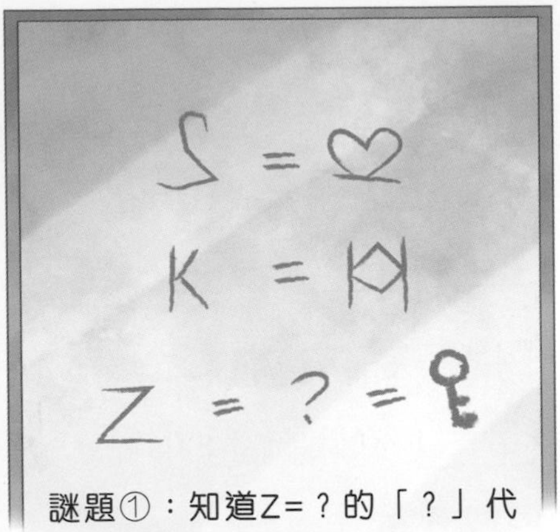

謎題①：知道Z=？的「？」代表甚麼嗎？請想想看。想不到的話，可看第28頁的答案。

「我不知該怎麼形容啊。」猩仔盯着符號說，「**左右反轉了的2等於一個在線上的心形；K等於被兩條直線夾着的菱形；Z等於一個問號，然後又等於一條鑰匙。**」猩仔說。

「甚麼？再大聲一點可以嗎？聽不清楚啊。」

猩仔大聲地再唸了一遍。

「那些符號都是寫在鏡子上吧？」夏洛克在門外問道。

「對呀。」

「這麼看來，**符號一定與鏡有關**……」夏洛克的聲音有點遲疑，然後是一陣沉默。

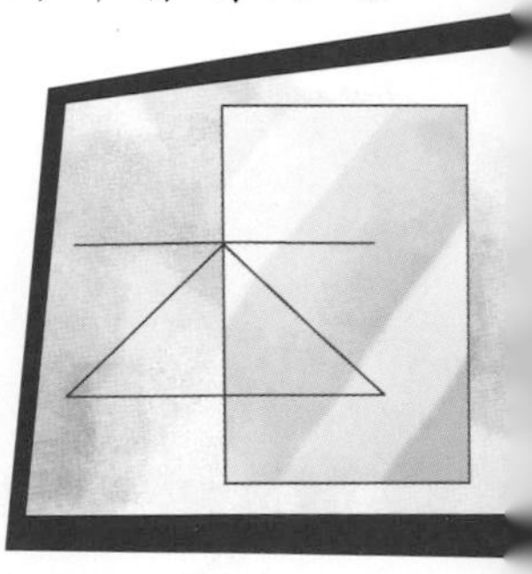

「喂，怎麼啦？想到嗎？」猩仔催促。

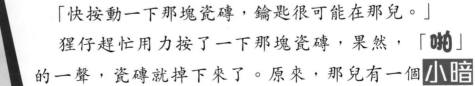

「呀！我想到了！把一個正常的『2』字放在鏡前，它不就會左右反轉嗎？」夏洛克興奮地說，「所以，**『Z』應該等於一條橫線在一個三角形上**，只要找到相關的三角形，就等於（=）找到開門的鑰匙了！」

「等等！你說甚麼？我完全聽不懂啊。」猩仔嚷道。

「你先別管，看看廁所內有沒有三角形的東西吧！」

「三角形嗎……？啊！有了！有一塊**瓷磚**的花紋是這形狀的。」

「快按動一下那塊瓷磚，鑰匙很可能在那兒。」

猩仔趕忙用力按了一下那塊瓷磚，果然，「**啪**」的一聲，瓷磚就掉下來了。原來，那兒有一個**小暗格**，裏面藏着**一條鑰匙**。

「找到了！找到鑰匙了！」猩仔急忙用鑰匙打開廁所的門，衝了出去。同一瞬間，不斷旋轉的洗衣棒「**咔嚓**」一聲嘎然而止，原本噴着水的水龍頭也自動關上了。

「啊？怎麼我一出來，水龍頭和洗衣棒都停止了？」猩仔訝異。

「你在說甚麼啊？」夏洛克不明所以。

「是這樣的……」猩仔把剛才在廁所中遇到的怪事**一一告知**。

「原來如此……」夏洛克若有所思地說，「看來不是**鬧鬼**，那些怪事都是一些**機關**弄出來的吧？」

「機關？甚麼意思？」

「我總覺這裏有些機關裝置，例如，我一走進這個地庫，身後的木門就自動關上了。」

謎題②：為甚麼廁所內的水龍頭會自動出水？洗衣棒會自動轉動？當猩仔用鑰匙開啟廁所門後，為何兩者又會自動停止？
（提示：夏洛克所說的機關。）
想不到的話，看到故事結尾就會明白了。

「甚麼？就像廁所門那樣，不能打開嗎？」猩仔緊張地問。

「就是這樣。所以，當務之急，必須想辦法離開。否則……」

「否則甚麼？」

「否則就會**餓死**在這裏。」

「甚麼？餓死？」猩仔大驚，「哇，慘無人道呀！我一天要吃3餐，還有**21900**多餐未吃啊！我還是個小孩，不要這麼快就餓死，我要吃**牛排**、**漢堡包**、**薯條**、**日本拉麵**、**福建炒飯**！還有——」

「住口！」夏洛克大聲喝止，「快要死了，還想着吃，你的腦袋裏除了吃，還有別的嗎？」

「還有。」

「還有甚麼？」

「據說**意大利蟹肉龍蝦汁芝士薄餅**很好吃，我想吃完才死。」

聞言，夏洛克腿一歪，幾乎當場猝倒。

「算了，再說下去未餓死已被你氣死了。」夏洛克丟下猩仔不管，逕自向通往樓梯的木門走去。

「喂！等等呀！」猩仔見狀慌忙跟上。

夏洛克走到門前再擰了擰門把，仍然無法打開木門。

「讓我來！」猩仔**自告奮勇**，「**嘭**」的一聲用力撞向木門，但那扇門還是**分毫不動**。

「是鬼！一定是**鬼作祟**！」猩仔神經兮兮地說。

「鬼？一碰上解決不了的事就說鬼，你實在太怕鬼了。」夏洛克故意挑釁。

「我怕鬼？我猩爺**天不怕地不怕**！怎會怕鬼？」猩仔已忘了在廁所裏被嚇得屁滾尿流的樣子。

忽然，夏洛克呆若木雞地望着猩仔的後方。

「怎麼了？」猩仔訝異。

「鬼……有鬼在你的背後呀！」夏洛克**驚恐萬狀**地說。

「甚麼？」猩仔被嚇得抱住夏洛克慘叫，「哇呀——！」

「哈哈哈！你實在太膽小了。」夏洛克戲謔地大笑。

「甚麼？沒有鬼嗎？」猩仔一手推開夏洛克，「豈有此理，竟然戲弄團長，太過分了！」

「誰叫你**疑神疑鬼**。」

「不是鬼的話，木門為何會突然關上？」

「剛才不是說過應該與機關有關嗎？」夏洛克說，「這道木門可能像廁所那道門那樣，要找到破解的方法，才能把它打開。」

「破解？難道又與謎題有關？」猩仔想了想，忽然記起甚麼似的大叫，「呀！剛才那張用來擦屁股的紙，好像有一道謎題啊！」

「你這麼一說，想起來確實像一道謎題。」夏洛克說，「我記得紙上除了一串打圈的數字外，上面還寫着『IF YOU WANT TO LEAVE, FIND THE BOOK.』。」

「哎呀，你怎可把逃生的謎題當廁紙啊！」

「還好意思怪責我？是你要擦屁股的呀！」

「慘了，這次真的要餓死了！」猩仔哭喪着臉。

「不必擔心，我記得謎題的內容。」

謎題③：請說出圖中「？」代表甚麼。說不出的話，就看第28頁的答案吧。

「真的？」

「我有**過目不忘**的本領，當然是真的。」夏洛克說着，把謎題的內容詳細地描述了一遍。

「甚麼？你說慢一點。」猩仔聽得**一頭霧水**，「4和16之後是甚麼？」

「4和16之後是——」夏洛克說到這裏，突然靈光一閃，「呀！原來是這樣啊！我知道了！」

「知道了？知道甚麼？」

「想想4和16有甚麼關係吧。」

「關係？這個嘛……」猩仔挖了挖鼻孔，仰起頭來思索了一下，「唔……**四四一十六**，4 × 4＝16，對嗎？」

「對，就是這關係。」夏洛克說，「謎題中的16之後是37，你怎樣看？」

「16跟37也是這種關係？」

「稍有不同，你要把1和6分別計算喔。」

「1和6分別計算？」猩仔苦着臉說，「哎呀，太難了，看來要出**拉屎功**才能破解。可是剛才肚瀉，配額已拉得**七七八八**了，想出絕招的話要用一倍氣力啊。」

這道題只要逐步計算，
就能輕易算出答案了！
不想計算的話，也可以
在第28頁找到答案。

「甚麼？出絕招？算了、算了，千萬不要出拉屎功。」夏洛克慌忙制止，「37之後是58，58之後就是89。即是說，**THE 89**就是謎題的提示。」

「THE 89？好奇怪的提示呢。」

「謎題上寫着『FIND THE BOOK.』（尋找那本書），THE 89應該跟書本有關。」夏洛克說完，馬上轉身望向身後的**書櫃**。

「怎麼了？」猩仔問。

「看！」夏洛克指着書櫃說，「我剛才找廁紙時，看到這麼多書放在廚房已感到奇怪，原來是為了謎題。」

「你這傢伙！太可惡了！」猩仔忽然大罵。

「怎麼了？」夏洛克**莫名其妙**。

「有這麼多書，竟然說沒有紙，你分明就是作弄我！」

「甚麼？難道叫我**撕爛書本**來當作廁紙嗎？我才不會。」

「算了，你這書獃子**不懂變通**，放過你一次吧。」猩仔說，「快給我解開謎題，讓我離開這裏吧！」

「那麼，一起來找與THE 89有關的書吧。」

「好！馬上找！」猩仔把書櫃從上至下，從左至右看了一遍，「沒一本書名叫THE 89啊。」

「**稍安毋躁**，讓我想想。」夏洛克**目不轉睛**地盯着書櫃。

他盯着書櫃看了一會，說：「對了，要先用**排除法**，排除那些沒有THE的書名。」

「這本沒有，那本沒有，這本也沒有。哎呀，排除了一堆，還有很多書的書名都有THE啊。」猩仔打了一個大呵欠，「我的眼睛快張不開來啦。」

謎題④：請從書櫃上找出跟「THE 89」有關的書本。

「**眼睛？**」夏洛克靈光一閃，「我知道了，是這本！」說着，他取下一本名為《**EYE IN THE NIGHT**》的書。它雖然不太厚，但卻有點重。他看了看封面，又看了看封底，也看不出個究竟。

「你在琢磨甚麼？讓我看看吧。」猩仔一手搶過書本，沒料到書裏卻「**噼里啪啦**」地掉下一些閃亮的東西。

「哇呀！鬼呀！」猩仔登時被嚇得扔掉書本。

「哎呀，只是一些**金屬卡片**罷了。」夏洛克把它們一一撿起，「共8張，看來是撲克牌呢。」

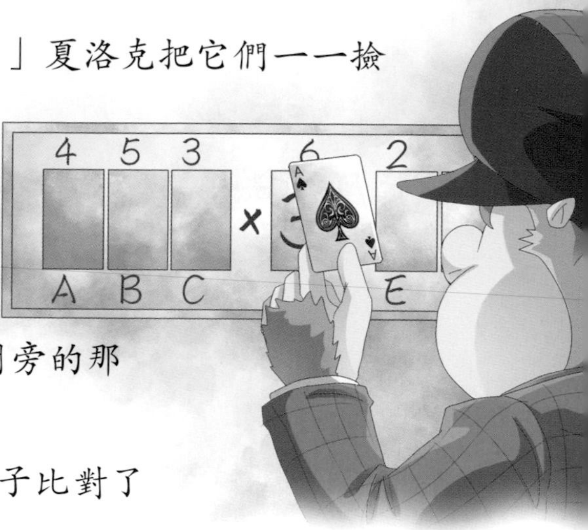

「**撲克牌？**」猩仔連忙湊過來看，只見牌上刻着**桃花1至桃花8**的圖案。

「看！這兒不是有8個撲克牌大小的格子嗎？看來兩者有關。」夏洛克指着門旁的那排格子說。

「真的呢！」猩仔取過一張卡牌與格子比對了一下，「大小果然一樣！」

「而且，看來這還是一條**數學算式**呢。」

「是嗎？」猩仔凝神看了看，「有 **×** 和 **＝** 這些數學符號，確實有點像算式。」

「不僅如此。」夏洛克指着格子上方的數字說，「453×6不就是＝2718嗎？根本就是條乘數的算式啊。」

「有道理！」猩仔說，「撲克牌由桃花1至桃花8，即是各自代表1至8，看來把這些卡牌嵌進格子裏，就可組成一條**算式**了。」

「沒錯，這次你的推論對了。」

謎題⑤：請把8張卡牌放到相應的位置裏，使算式成立。

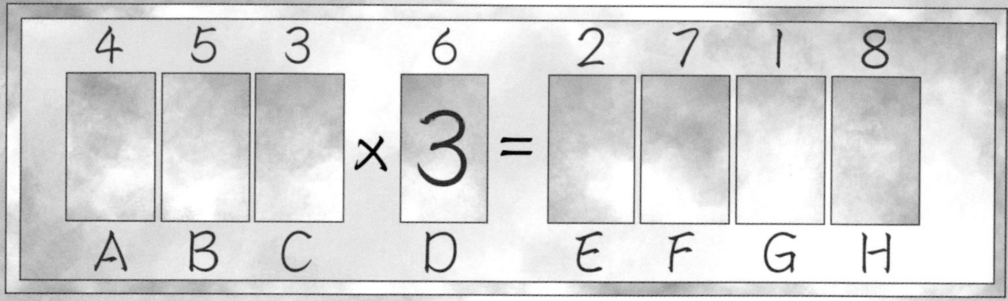

「但一共有8張卡牌，怎知道如何嵌啊？」猩仔有點泄氣地說，「難道要逐張試嗎？**嵌到天亮**也試不出答案吧？」

夏洛克指出重點說：「你沒看到D上的方格內寫着3嗎？首先，我們要把桃花3嵌進這個方格，接着以排除法就能**逐步推敲**出答案了。」

「又是排除法？」

「對，你看E F G H上面有4個方格，這代表那是個**4位數**。所以，

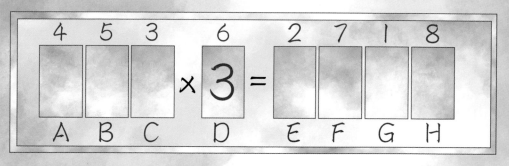

A必須嵌進4或以上的卡牌，否則乘3是不能得出4位數的。」

你可以讓這道算式成立嗎？覺得很困難的話，也可以在第28頁找到答案啊。

「那麼，你手上只剩下桃花1、2、4、5、6、7、8，快把正確的卡牌嵌進去吧，我想快點離開這裏呀！」猩仔催促。

「沒那麼容易啊！」夏洛克說，「你不要吵，讓我靜心計算一下吧。」

「**快！快！快！**」猩仔**手舞足蹈**地亂跳亂叫，一個不小心「**砰**」的一下撞到書櫃上，令書本紛紛掉到地上，揚起了一陣如**濃霧似的灰塵**。

「吭吭吭！」猩仔被灰塵嗆得透不過氣來，驚慌地亂叫亂跳，「哇呀！鬼呀！有鬼呀！」

「鬼呀！有鬼呀！」夏洛克也學着大叫，「共**1746隻鬼**呀！」

「甚麼？哪來這麼多鬼？」猩仔被這麼一喊，反而清醒了。

「哼！我只是嚇嚇你，制止你亂叫罷了。」夏洛克沒好氣地說，「我已找到答案了，是**582 x 3＝1746**。」

「真的？快嵌進格子試試！」

「好！」夏洛克說着，把卡牌依序放進相應位置，當嵌進最後一張桃花6時，果然「咔嚓」一聲，木門應聲而開。

「太好了！快離開這個鬼地方吧！」猩仔**三步併作兩步**地奔上樓梯，就在這時，兩個人影突然閃出擋在他的前面！

「**哇！鬼呀！**」猩仔被嚇得連退幾步。

「鬼？小鬼頭！你才是鬼！」一個滿臉鬍子的男人叫道。

「哎呀，果然有人闖了進來！」另一個架着眼鏡的男人也接着說。

猩仔和隨後趕至的夏洛克定神一看，發現來者並不是鬼，而是**兩個中年男人**。

「原來是人嗎？幾乎給你們

嚇死了。」猩仔鬆了一口氣。

「哼！我們才給你嚇死呀。」眼鏡男說，「這是我們剛買下來的**古老大宅**，你們怎可擅自闖進來！」

「哎呀，人有三急，只是想**借廁所**一用罷了。」猩仔說，「但沒想到水龍頭自動開水，洗衣棒又突然轉動，木桶內的衣物都沾滿了血，就像走進了鬼屋一樣。」

「哈哈哈，那些只是**我們設計的機關**罷了。」眼鏡男笑道，「當有人拉動沖水繩，機關就馬上啟動，不但會令水龍頭和洗衣棒自動運行，還會為廁所門上鎖呢。那些血衣上的「血」，其實只是紅色的墨水而已。」

「果然**不出所料**，是機關作祟。但為何要在古老大屋內設計這些機關呢？」夏洛克問。

「哈哈哈，因為要把這間大屋改裝成**鬼屋遊樂場**呀。」鬍子男說，「所以，我們已四出散播謠言，說這裏鬧鬼，為將來開業**造勢**。」

「哎呀，太過分啦！剛才差點把我**嚇破膽**啊！」猩仔不滿地說。

「哈哈哈，這證明那些機關頗有驚嚇效果呢。」眼鏡男笑道。

「這麼說來，那些灰塵滿佈的書本也是你們刻意佈置的？」夏洛克問。

「當然囉，為了**營造氣氛**嘛。」眼鏡男說。

「豈有此理，害我吸了那麼多——」猩仔說到這裏時忽然打住。

「怎麼了？」夏洛克感到奇怪。

「嗚——」突然，猩仔大口一張，「**乞嚏**」一聲打了個大噴嚏，把兩個男人噴個正着。

「糟糕！剛才的噴嚏好像**震動了肚子**！」猩仔說罷，馬上奔回地庫。接着，一陣「**咘咘砰砰**」的巨響傳來，兩個男人和夏洛克慌忙掩鼻而逃。

解謎篇

謎題 1

只要依夏洛克所說把符號放在鏡子面前，就會得到相應的圖案。

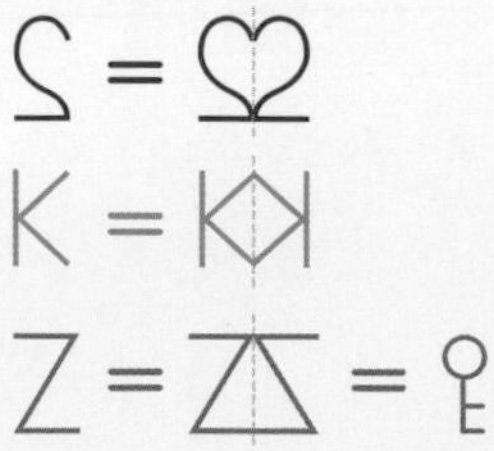

謎題 2

故事內已經解答了。因為猩仔拉動沖水繩，所以機關馬上啟動，水龍頭和洗衣棒也因此自動運行，並鎖上廁所門。直至猩仔打開廁所門，機關才會停下來。

謎題 3

只要把平方和計算下去，就能輕易得到答案。

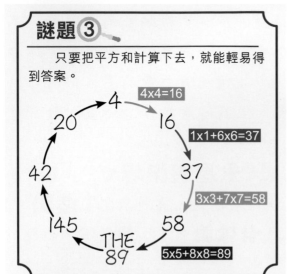

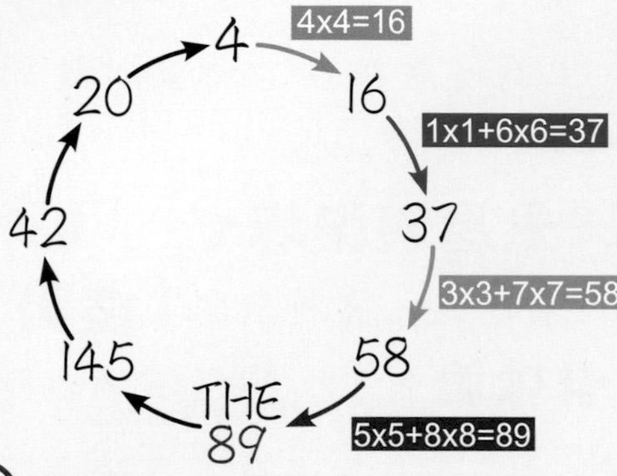

謎題 4

「THE89」也可以轉換成「THE EIGHTY NINE」。將「THE EIGHTY NINE」的字重新排列過後，就能得出「EYE IN THE NIGHT」。

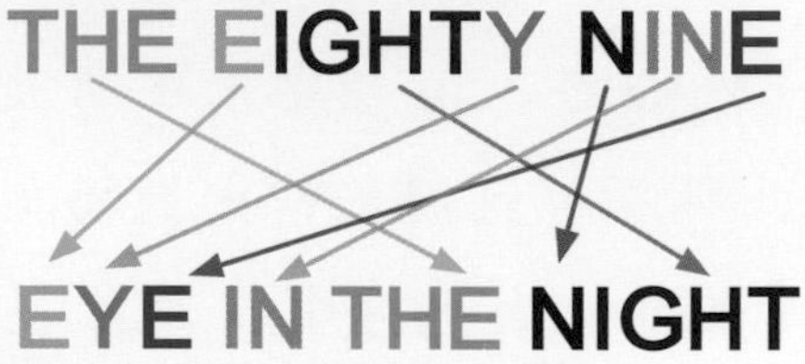

謎題 5

正如夏洛克所說，這題是需要逐步計算的數學題，但透過排除法，我們還是可以儘量精簡需要計算的過程。

在D=3的情況下：

① 因為答案是4位數，所以A一定是4或以上。

② 因為ABC最大數值是876，而876x3=2628，所以EFGH的組合必定少於2628。

③ C不會是1，因為〇〇1x3=〇〇〇3，會讓3重複出現。

④ C不會是5，因為〇〇5x3=〇〇〇5，會讓5重複出現。

我們可以從A=4開始嘗試，但在A=5、D=3的情況下：

⑤ EFGH的組合必定在1500至1800之中。

⑥ 為了避免5重複出現，ABC的組合一定不會在500至533之中。

⑦ 為了避免6重複出現，ABC的組合一定不會在560至566之中。

⑧ 為了避免7重複出現，ABC的組合一定不會在570至579之中。

⑨ 排除以上組合，選擇就很少了：

542 x 3 = 1626 (不正確，因為6重複了)
547 x 3 = 1641 (不正確，因為1和4重複了)
567 x 3 = 1701 (不正確，因為出現了0)
582 x 3 = 1746 (正確答案)

546 x 3 = 1638 (不正確，因為6重複了)
548 x 3 = 1644 (不正確，因為4重複了)
568 x 3 = 1704 (不正確，因為出現了0)

拍拍微生物大作戰！

巧手工坊

親子

今期專輯中出現了不少有益或有害的微生物，大家能否與華生醫生一起抓住牠們呢？

所需材料

P.31、33 紙樣

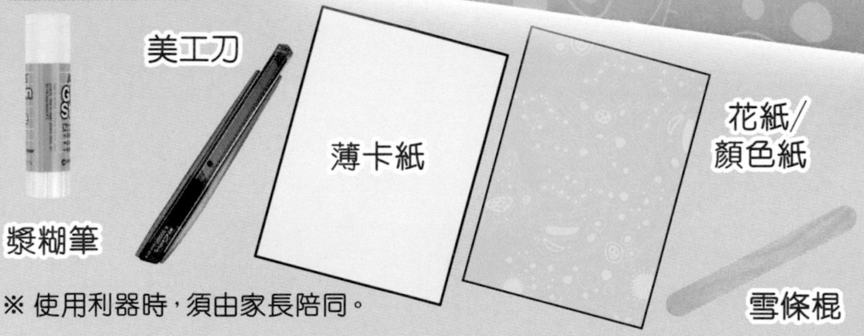

※ 使用利器時，須由家長陪同。

掃描 QR Code 進入正文社 YouTube 頻道，可觀看製作短片。

製作流程 外盒

❶ 先在薄卡紙按圖中尺寸畫好紙樣及裁出。盒子正面貼上花紙或顏色紙裝飾。

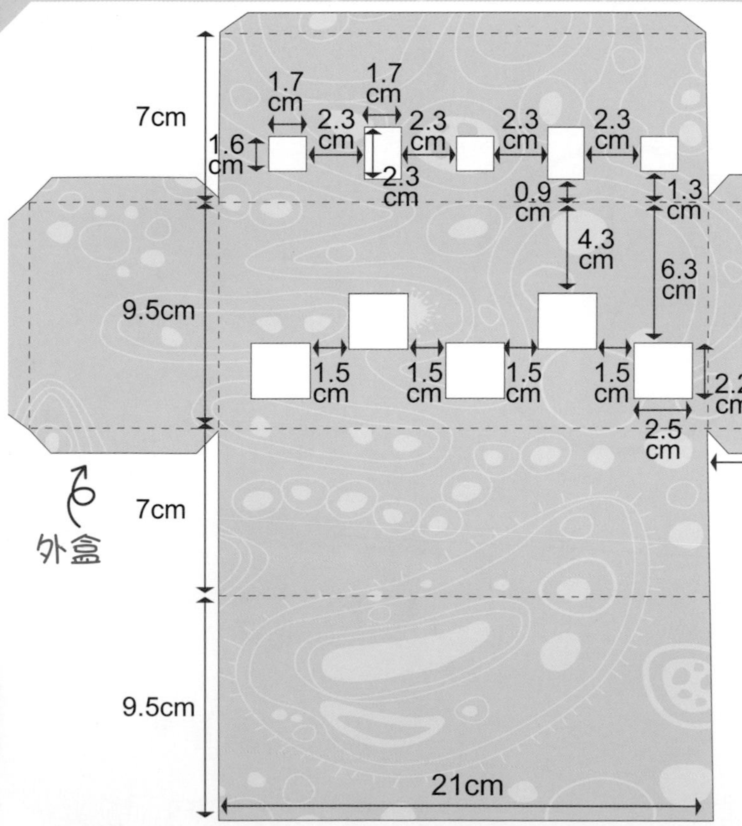

外盒

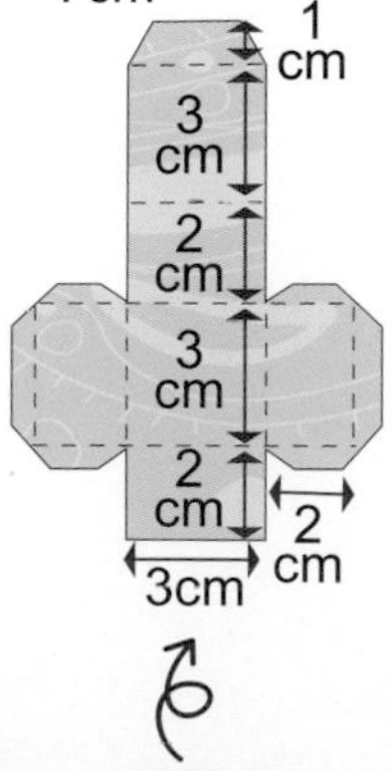

小盒子

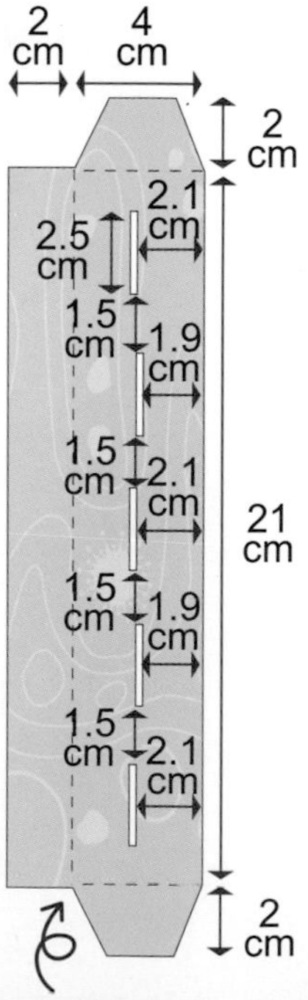

操控桿托板

- 也可以用約 21cm x 9.5cm x 7cm 的紙巾盒或零食盒製作。
- 如用大一點的盒子，可把開孔位置置中，兩邊留下相同闊度。

❷ 將擋板貼近洞口黏好，棋子移動會更順暢。

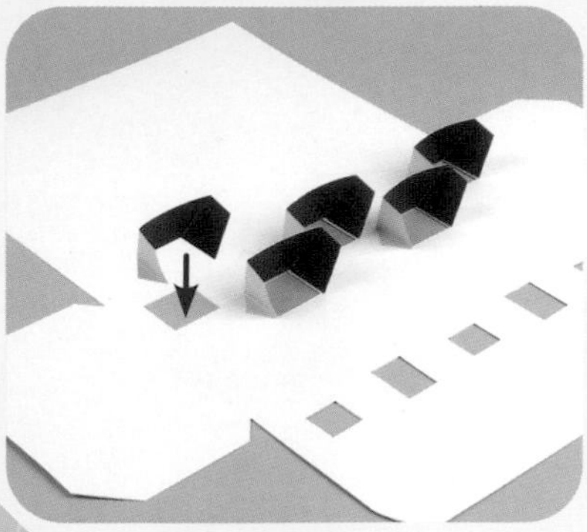

❸ 把操控桿托板黏在頂部邊沿。

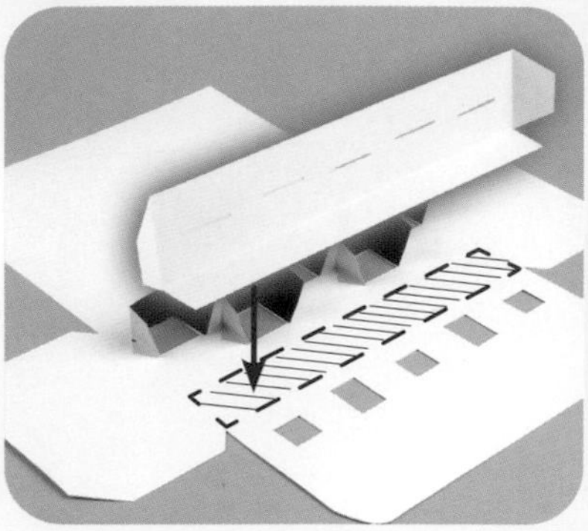

❹ 操控桿托板貼在盒子兩端，再黏好盒子正面及背部。

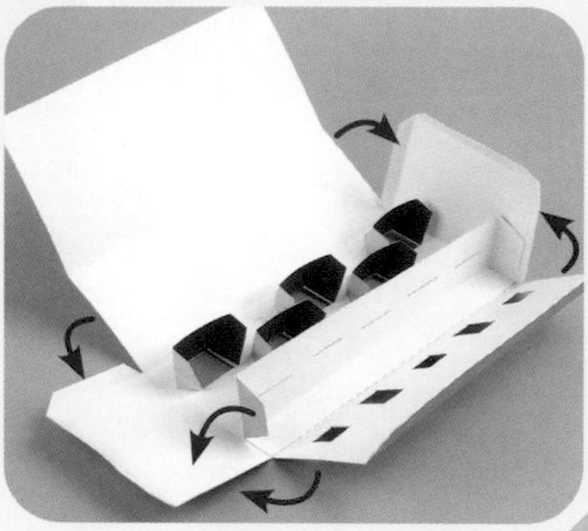

棋子

❺ 貼好棋子。

❻ 把操控桿對折貼好，頂部不要黏貼。

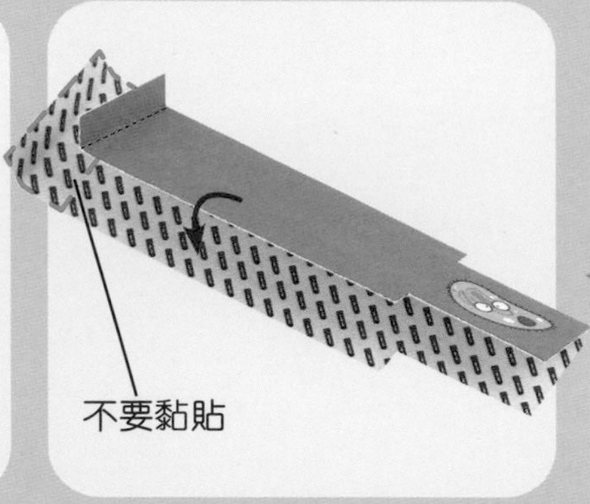

❼ 操控桿頂部黏在棋子上。

❽ 從盒子頂部洞口放入棋子，穿過托板，再由背部洞口穿出。

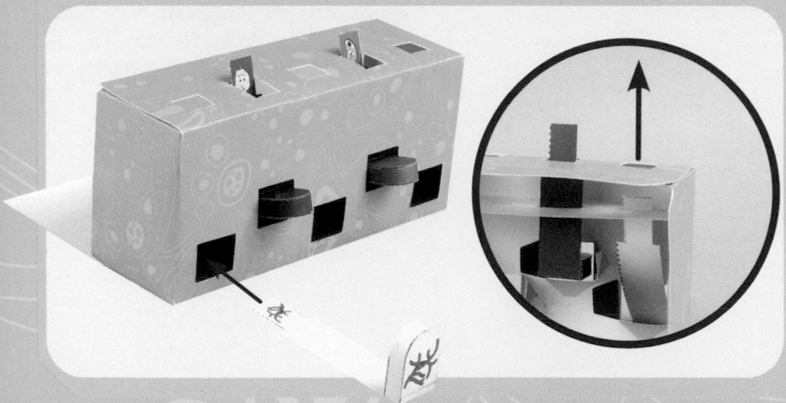

❾ 按下操控桿，確保棋子移動順暢後，貼好盒子底部。

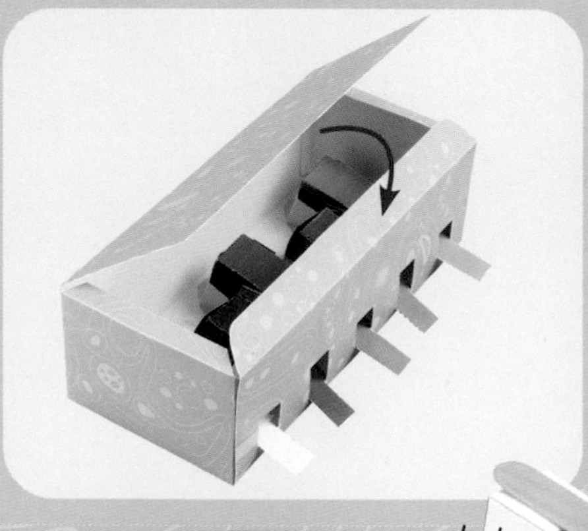

槌子

❿ 折起小盒子，黏好。

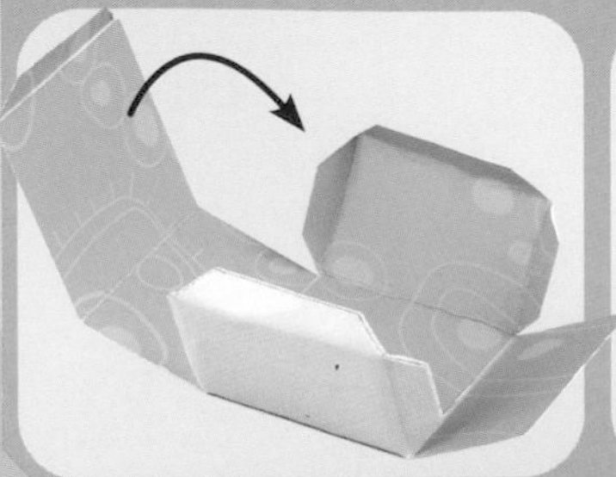

⓫ 把雪條棍貼在盒子上。

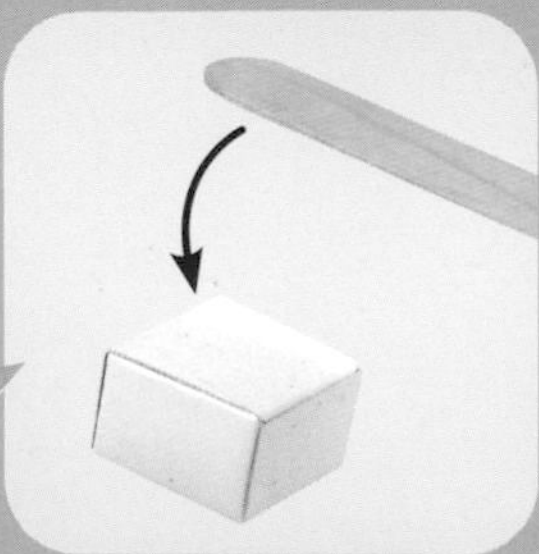

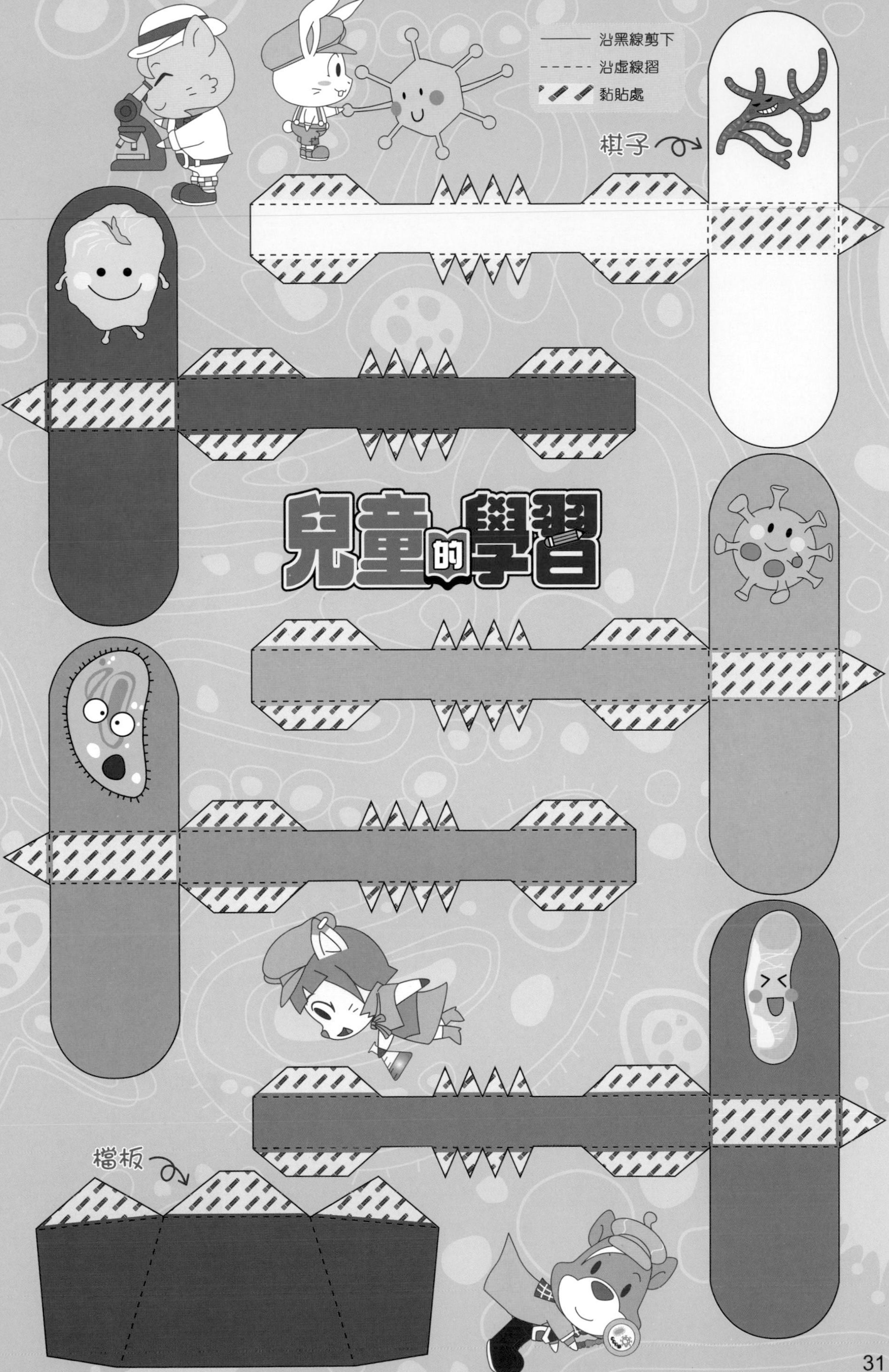
沿黑線剪下
沿虛線摺
黏貼處
棋子
兒童的學習
檔板

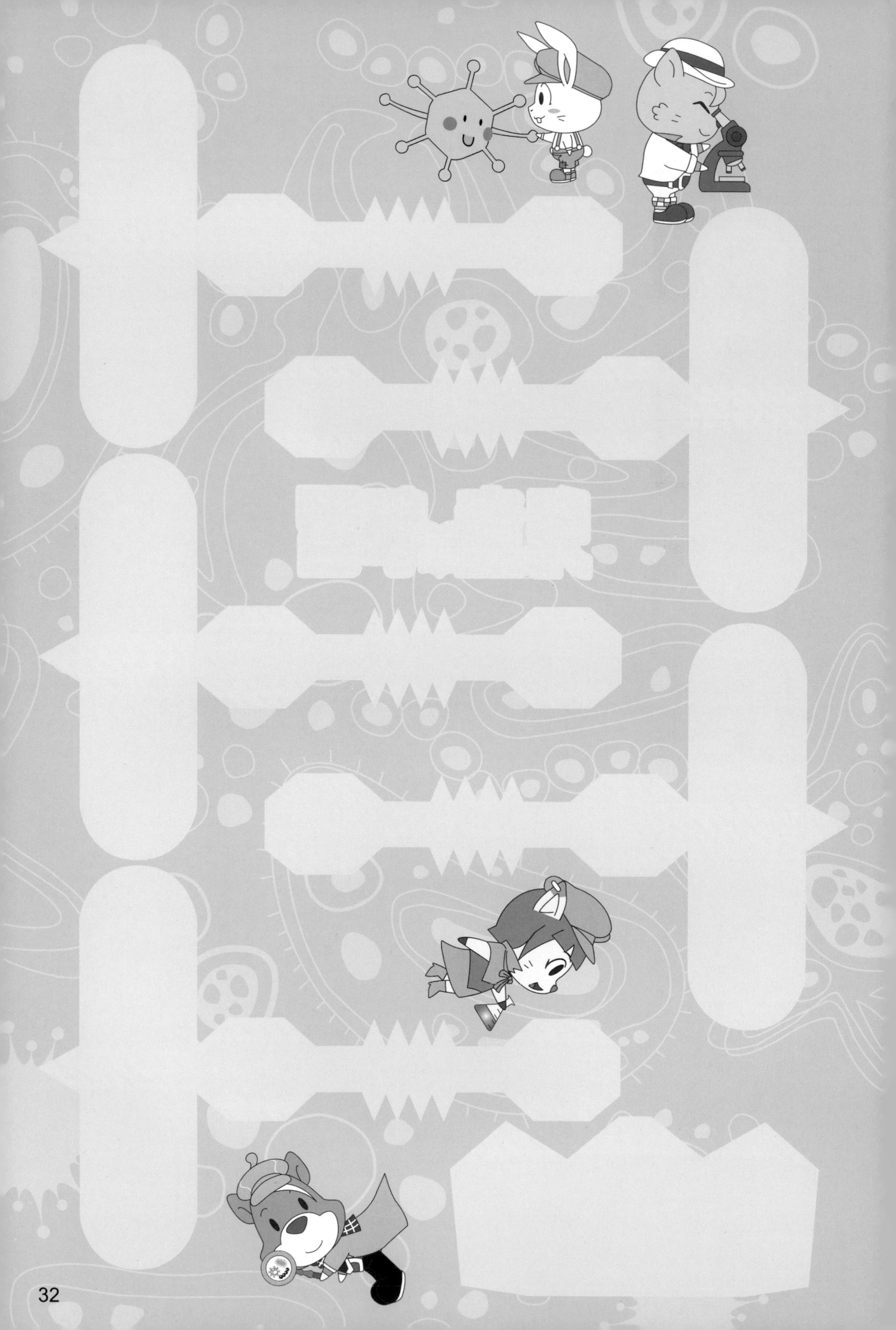

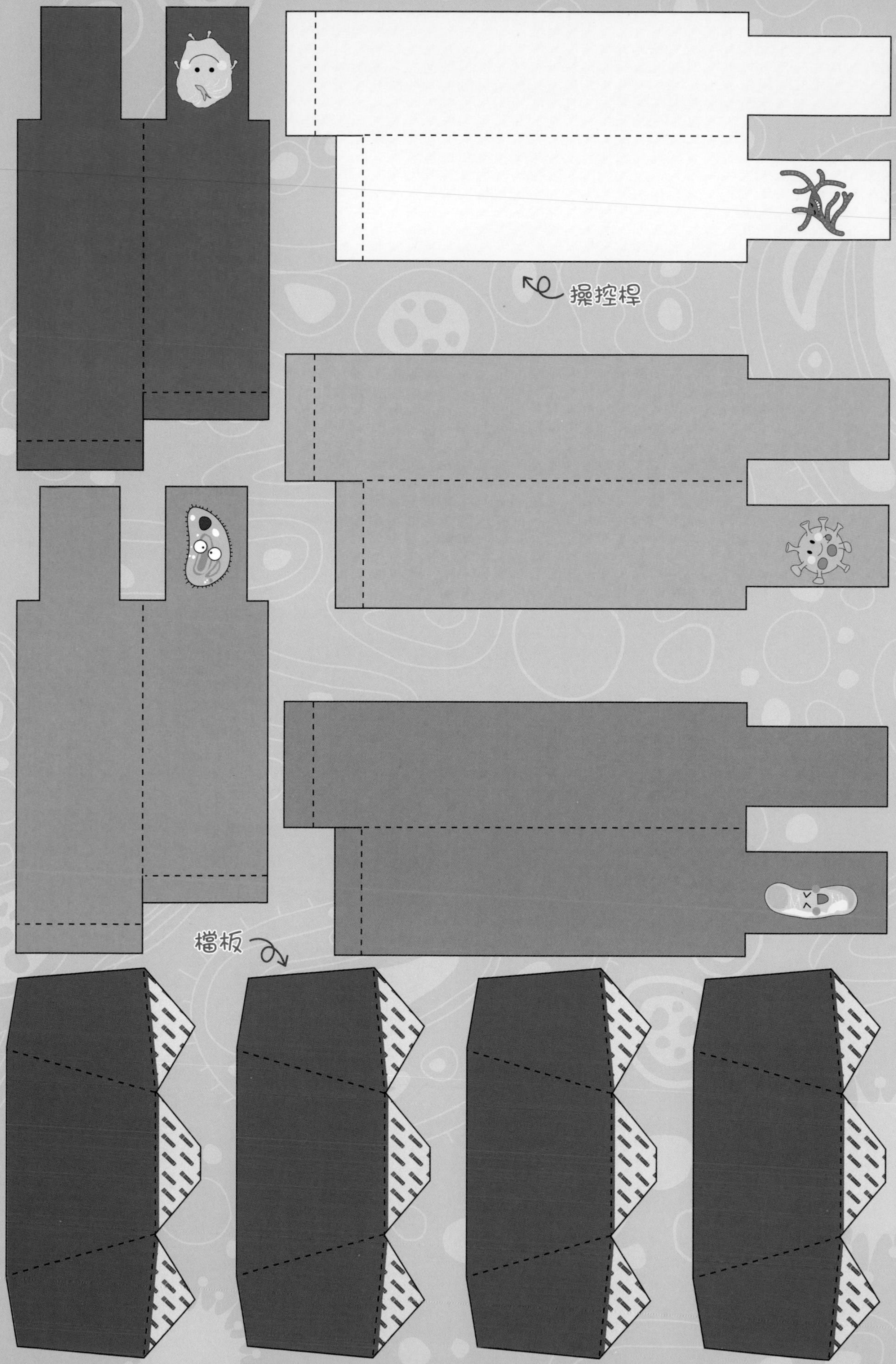
操控桿
檔板

讀者信箱

原來身體內藏着如此精彩的世界，各種各樣的微生物雖然細小得肉眼看不見，可是卻影響我們的健康啊！

《兒童的學習》編輯部

85分

Kayley Ho

陳籽熹

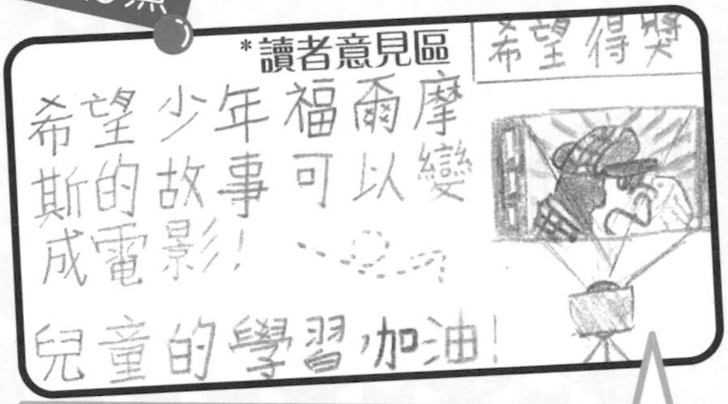

你有看《大偵探福爾摩斯 逃獄大追捕 大電影》和《麵包的秘密》動畫嗎？要有大家的支持，《大偵探福爾摩斯》的故事才能拍成動畫電影啊！

8分

李悦

看看這個例子，當火箭向地面快速噴出高熱氣體（作用力），同時必定會產生能量相等、方向相反的力量（反作用力）把火箭推向空中。

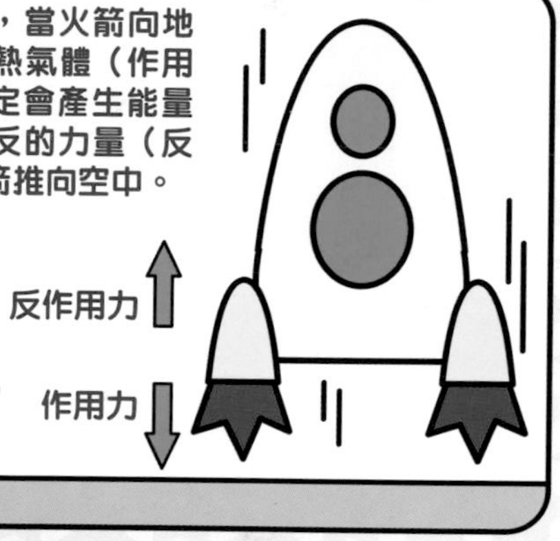

陳焯炫

為甚麼電子問卷常常都沒有刊登？

每期都有刊登電子問卷啊！可能因為電子問卷只有文字，沒有圖畫，大家容易忽略了吧。

9分

陳穎心

請問今期講的「邏輯思維」跟「概率」有沒有相同和不同的地方？

孔若素

「邏輯思維」是根據資料作出合理的分析，通常涉及原因、過程和結果。而「概率」是事件隨機發生的可能性，就算能計算，也只是發生的機會率。所以兩者是不同的東西啊。

如果有任何疑問，也可寫在問卷上寄回來，教授蛋會為大家解答啊！

成語小遊戲

語文

《大偵探福爾摩斯》系列的《魔犬傳說》上下集已經出版了！到底福爾摩斯破解魔犬的真身了嗎？莊園裏還藏着甚麼秘密？閱讀主角們如何機智解謎的同時，也不要忘記留意故事中的成語啊！

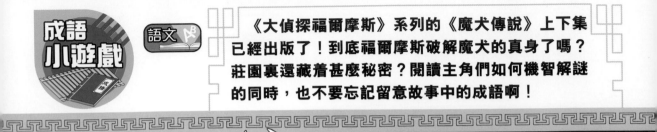

形容心情極其快活、開朗。

心花怒放

華生笑而不語。他知道，亨利爵士對貝莉兒一見鍾情，在**心花怒放**之下，所有景物都已變得充滿生氣了。

（節錄自《大偵探福爾摩斯㊽魔犬傳說（下）》）

很多成語都帶有「心」字，你懂得下面這幾個嗎？

□□誠服

愉快且真誠地感到服氣。

心猿□□

比喻心思不專注集中，或者心意反復不定。

□□驚心

形容看到的景象令人感到震驚、害怕。

處心□□

經過了長時間的考慮，蓄意地計劃了很久。

巨細無遺

晚上，華生一邊參考自己的筆記，一邊把這天的所見所聞**巨細無遺**地寫到給福爾摩斯的信中。寫完信後，華生感到已耗盡了精力，匆匆洗過澡後就睡了。

（節錄自《大偵探福爾摩斯㊽魔犬傳說（下）》）

?
大小都沒有遺漏。

右面的字由四個四字成語分拆而成，每個成語都包含了「巨細無遺」的其中一字，你懂得把它們還原嗎？

巨 打 然 好
安 細 老 餘
恙 不 無 精
算 力 猾 遺

____

____

____

____

陰差陽錯

「那人最初偷錯了一隻沒有體味的新鞋，發覺不管用後，就再偷一隻舊鞋。這就是亨利爵士先後失去兩隻鞋的原因。但那人沒想到，逃犯塞爾登會穿上亨利爵士的衣服在沼地出沒。結果在**陰差陽錯**下，塞爾登成為了替死鬼，在魔犬襲擊下墮崖而死！」

（節錄自《大偵探福爾摩斯㊽魔犬傳說（下）》）

很多成語都與誤會有關，下面五個全部被分成兩組並調亂了位置，你能畫上線把它們連接起來嗎？

是非 •	• 莫辯
雲開 •	• 口舌
渙然 •	• 害意
百辭 •	• 冰釋
以辭 •	• 見日

去如黃鶴

第二天早上，警方調來大批人馬搜捕，但傑克·巴斯克維爾（斯特普頓）已**去如黃鶴**，失去了蹤影。

（節錄自《大偵探福爾摩斯㊽魔犬傳說（下）》）

右面的九宮格有九個成語，只有一行（橫、直或斜）的意思與「去如黃鶴」相近，你能找出來嗎？

屏息靜氣	道貌岸然	石沉大海
耳熟能詳	來龍去脈	泥牛入海
氣宇軒昂	心無旁騖	杳無音信

答案：

心花怒放
心悅誠服
心猿意馬
觸目驚心
處心積慮

巨細無遺
老奸巨猾
精打細算
安然無恙
不遺餘力

陰差陽錯
是非口舌
雲開見日
渙然冰釋
百辭莫辯
以辭害意

去如黃鶴

屏息靜氣	道貌岸然	石沉大海
耳熟能詳	來龍去脈	泥牛入海
氣宇軒昂	心無旁騖	杳無音信

簡易小廚神

泰式香蕉煎餅

通識　親子

這是在泰國街頭很常見的甜點小吃，薄薄的煎餅包裹滿滿的香蕉片，再淋上巧克力醬及煉奶，非常香甜，在家也可以做出泰式風味。

掃描 QR Code 進入正文社 YouTube 頻道，可觀看製作短片。

製作難度：★★★☆☆
製作時間：約 50 分鐘
（不包括發麵糰時間）

所需材料（可做 2 塊）

麵糊

其他

1. 將麵糊的麵粉、糖、煉奶、蛋液、牛油溶液及水拌勻。

2. 加少許油，用手搓成麵糰。

*①考考你：為甚麼要加油？不會很油膩嗎？

3. 將麵糰切半，覆蓋保鮮紙在室溫閒置 1 小時。

*使用利器時，須由家長陪同。

4. 在砧板或潔淨枱面上抹少許油，放上麵糰，用抹了油的棍慢慢壓麵糰至最薄的四方形狀態。

5 將 1 隻雞蛋打勻。

6 將香蕉切片。

* ②考考你：香蕉可以預早處理嗎？

7 將蛋液及香蕉拌勻，分成兩份。

8 將做法 7 加在餅皮中間，四邊向中間摺好（儘量不重疊）。

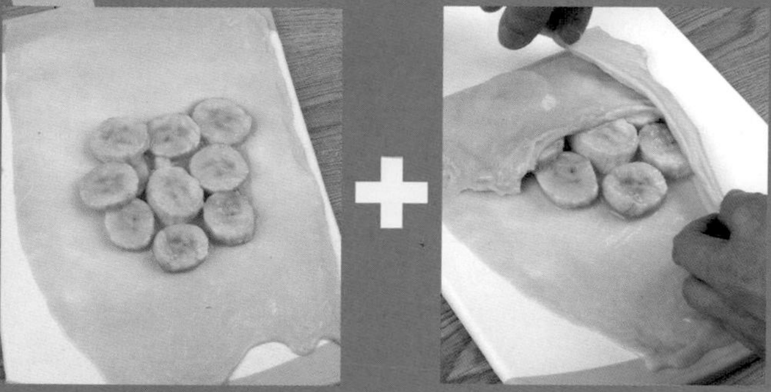

9 中火熱鑊下油，放入香蕉薄餅煎至一面定型及金黃。

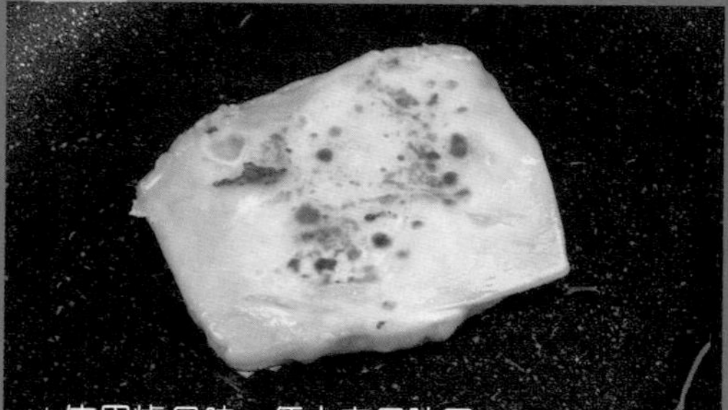

* 使用爐具時，須由家長陪同。

10 翻面，加入牛油再煎至薄餅呈金黃焦脆。

11 盛起切件，在餅面擠上煉奶及巧克力醬。

完成！

巧克力醬也可換成榛子醬、黑芝麻醬等。

泰國美食巡禮

芒果糯米飯

Photo credit: Streets of Food

泰國最出名甜點，材料雖然只有芒果、糯米和椰奶，但芒果和椰奶的香甜，加上糯米的煙韌，口感豐富。

打抛飯

打抛即是打抛葉，是泰國香料一種，類似九層塔，配以豬肉、牛肉或雞肉肉碎，加上香辛料製成炒飯。

Photo credit: Alpha

船麵

源於昔日的泰國水上人家，因為避免在船上吃麵會弄翻，所以以小碗盛載，分量很少，一碗大概只有一口。湯底以多種香料和藥材熬成，配料有牛肉、豬肉或丸子等。

Photo credit: Michael Saechang

答案：
①在麵糰加點油，除了可以防黏，也可令麵糰較易推開。只下幾滴油便可，過量便會油膩。
②香蕉剝皮後很快會氧化，令香蕉肉變黑，所以留待最後一刻才切較好。

我們每天進食不同食物，但對食的認識有多深？來做做以下的題目，看看自己答對多少吧！

通識

Quiz 1 名不副實的食物

你幹嗎狂吃消化餅？
我吃膩了，要吃消化餅幫助消化啊！
消化餅真的能幫助消化嗎？
它非但不能幫助消化，更含很多致肥物質呢。
原來我一直誤會了。
那為甚麼它叫做消化餅？

消化餅的陷阱

只要看看食物營養標籤，便知道消化餅的卡路里和脂肪含量高，每 100 克高達接近 500 卡路里，脂肪超過 20g，糖分也逾 20g，三塊的熱量已等於一碗白飯。其實消化餅基本材料都是小麥粉、糖、鹽、植物油等，營養成分並不高。

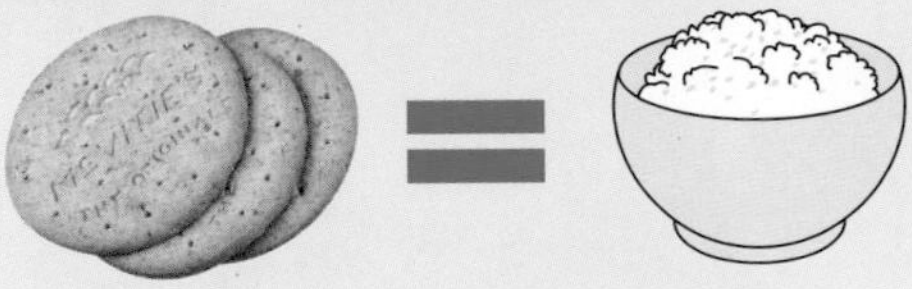

為何稱為「消化餅」？

消化餅起源於 1892 年的英國，當時一位醫生發明了據説可幫助消化的餅乾，特別之處在於加入了小梳打，這種弱鹼性物質可中和胃酸和促進胃液分泌，不過小梳打受熱後會分解成梳打，失去消化作用，故此生產商後來要發表聲明，説明「消化餅並不含任何可幫助消化的成分」。

Quiz 2 引致放屁的食物

你放屁嗎？很臭啊！
嘻，可能我吃了太多東西吧！
食物是導致放屁的原因嗎？
除了吃得太急或邊吃邊說容易吸入氣體，部分食物也會令腸道產生脹氣，導致放屁啊！
那麼我要避開那些食物了！
有沒有甚麼食物可舒緩放屁情況？

高 FODMAP 食物

FODMAP 是發酵性碳水化合物簡稱，含高 FODMAP 食物不易被消化，且含較多產氣成分，容易導致放屁。

高 FODMAP 食物包括麵包、大蒜、洋蔥、高果糖水果、十字花科蔬菜（如西蘭花、椰菜）、部分豆類及乳製品等。

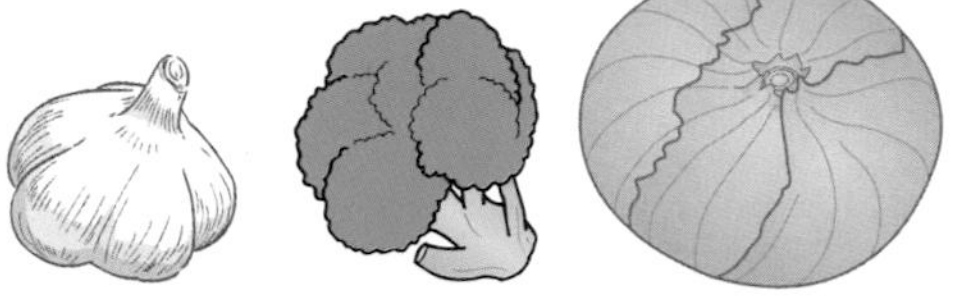

低 FODMAP 食物

穀物：蕎麥、糙米、燕麥等。

水果：藍莓、香蕉、奇異果等。

蔬菜：芽菜、茄子、番茄、馬鈴薯等。

豆類：豆腐

乳製品：車打芝士、牛油、植物奶等。

肉類：牛肉、豬肉、雞肉、魚等。

飲品：綠茶、紅茶、薄荷茶等。

其實高 FODMAP 都是健康食物，除非對 FODMAP 嚴重過敏，或患有腸躁症，否則無須避免進食。

Quiz 3 令人流淚的洋蔥

活潑貓你因何事流淚？
嗚嗚……小廚神要切洋蔥做菜，很澀眼呀～
為甚麼切洋蔥會流眼淚？
因為洋蔥的細胞含有一種特殊酵素。
我對洋蔥又愛又恨呀！
有甚麼方法可減低洋蔥的刺激性？

洋蔥的催淚成分

當切開洋蔥的時候，洋蔥的細胞被破壞，會釋放一種叫蒜胺酸酶的酵素，將洋蔥的胺基酸亞砜轉換成次磺酸，形成揮發性氣體，刺激人的眼睛，產生疼痛感，淚腺會立即分泌淚液以沖走刺激物。

切洋蔥不流淚竅門

放雪櫃：先冷藏 30 分鐘，低溫可降低洋蔥酵素活性。

泡水：先切除洋蔥頭尾，再切半，然後浸泡熱水約 5 分鐘，可去除部分揮發性氣味。

微波爐：將洋蔥放進微波爐加熱約 30 秒，以高溫破壞其細胞。

沾濕菜刀：
邊切邊用水沾濕菜刀，水分可吸收部分刺激性揮發物。

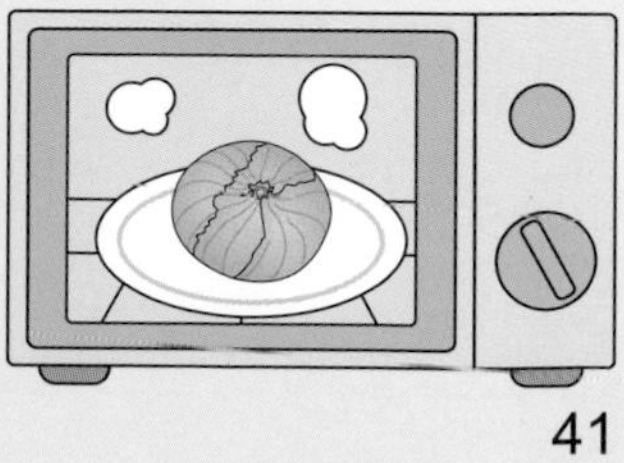

多行不義必自斃

語文

很多常見的句子背後也有故事，大家想知道嗎？

先看看這個例子吧！

「想起來，真是意想不到啊。」華生説，「傑斯本來只想捉多一些貓來嚇一嚇那些記者和議員，卻沒料到把整個切尼集團推倒了。可惜的是，水銀對那些小童的腦部造成不可挽回的傷害。回倫敦後，要儘快請腦科專家來為他們診治，希望可以減輕他們的痛苦。」

福爾摩斯歎一口氣，道：「自古以來，水銀被視為世上最美麗的金屬之一，可是，人們卻沒理會它也是殺人不見血的兇器！」

「這個美麗的兇器引發的公害不但令很多貓隻發狂自殺，也間接地殺死了始作俑者的切尼。」雷克深有所感地説，「果然是人在做天在看，**多行不義必自斃**呢！」

節錄自《大偵探福爾摩斯 ㉙ 美麗的兇器》

指做得太多壞事的人，必定會自取滅亡。

典故

根據《左傳》記載，在春秋年間，鄭國君主鄭武公的妻子武姜生了兩個兒子。哥哥寤生出生時分娩困難，所以武姜偏愛弟弟共叔段。哥哥寤生長大後繼承了君主之位，是為鄭莊公。

1
武姜
鄭莊公
既然你當上了君主，就把「京」這地方分封給弟弟吧。
2
大臣
京太大了，而且就算分封給他，共叔段亦不會滿足，日後必定會威脅大王您的地位啊！
她是我的娘親，我無法拒絕。
我也知道弟弟貪心，可是多行不義必自斃，暫且等等吧。
3 不久後——
共叔段不斷壯大勢力，不阻止的話，君主之位會給他搶走！
他行事囂張，不會得到人民支持，一定會自食其果的。
4
共叔段
共叔段打算與武姜裏應外合，偷襲大王您啊！
是時候了，起兵！

⑤
我們的君主是鄭莊公，一起反抗共叔段吧！
京的平民百姓
⑥
哇！我認輸了！

義與不義

義是儒家的主要思想，指正當的行為。「多行不義必自斃」中的「義」是對君主鄭莊公的忠誠之心。

可是這仍要看鄭莊公對待人民的態度，如果鄭莊公是個好君主，共叔段偷襲鄭莊公奪位，當然得不到人民支持，所以是「不義」。相反，假如人民生活困苦，共叔段謀反就是拯救大家的「義」舉了。

因此，鄭莊公的等待並不是甚麼都不做，而是勤政愛民，暗中做好反擊的準備，只要共叔段起兵，他就能理所當然地號召民眾幫忙了。

考考你！

① 子曰：「羣居終日，言不及義，好行小慧，難矣哉！」
《論語．衞靈公》

② 子曰：「飽食終日，無所用心，難矣哉！」《論語．陽貨》

解釋：

Ⓐ 整天吃飽飯，就甚麼都不想不管，無所事事，難辦啊！

Ⓑ 整天聚在一起，只說沒有內容的無聊話，耍些小聰明，難辦啊！

❶ 你能把句子①和②，與解釋Ⓐ和Ⓑ配對起來嗎？

❷ 以下哪個成語與句子①中「言不及義」意思相同呢？

(A) 言不由衷 (B) 出言不遜 (C) 言之無物 (D) 交淺言深

《論語》由孔子的弟子編撰，主要記錄孔子的言行，「子曰」就是「孔子說」的意思。

答案 ❶ ①-Ⓑ、②-Ⓐ ❷ (C) 言之無物

SHERLOCK HOLMES
大偵探福爾摩斯

The Blanched Soldier ⑥

Sherlock Holmes
London's most famous private detective. He is an expert in analytical observation with a wealth of knowledge. He is also skilled in both martial arts and the violin.

Author: Lai Ho

Illustrator: Yu Yuen Wong

Translator: Maria Kan

Watson
Holmes's most dependable crime-investigating partner. A former military doctor, he is kind and helpful when help is needed.

Previously : War veteran Dodd's army mate Godfrey had gone missing after returning home from the battlefield. Dodd went to pay a visit to Godfrey's home in the countryside, but Godfrey's father absolutely refused to tell the truth. Holmes agreed to take on the case and learnt that Dodd had hired another private investigator named Harp prior to commissioning Holmes's service, but Harp had now also gone missing during his search for Godfrey. Sensing the emergency of the situation, the three men headed to Godfrey's home at once. When they arrived at Godfrey's hometown, they ran into the Scotland Yard detective duo who were also conducting their investigation on Harp's missing…

前文提要：退役軍人多德為尋找回國後失蹤的戰友葛菲，親赴葛菲家鄉尋人，但葛菲的父親堅拒透露實情。接到委託的福爾摩斯出手調查，得悉多德聘用的私家偵探夏普在尋人過程中也失蹤了，眾人馬上前往葛菲家，遇見正在調查夏普失蹤案的孖寶……

The Reunion ② 重逢②

Just when Holmes was about to reply Dodd, Colonel Emsworth came to the front door. He turned to Dodd and shouted angrily, "Didn't I tell you not to come here anymore? Why are you here again? Leave now! I don't ever want to see you again!"

福爾摩斯正要回答時，埃姆斯威上校已走出大門，怒氣沖沖的走過來向多德叫道：「我不是對你說過不要再來嗎？你究竟又來幹甚麼？馬上給我滾！我不想再見到你！」

"I am not leaving!" said Dodd, refusing to back down. "Not until I see Godfrey and he explains to me in person why he is hiding."

「我不會走！」多德並不示弱，「除非讓我見到葛菲，由他親口向我解釋躲起來的原因。」

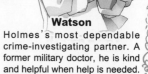

With his ***veins popping*** furiously on his forehead, the colonel turned

Glossary vein(s) pop(ping) (名＋動) 青筋暴起

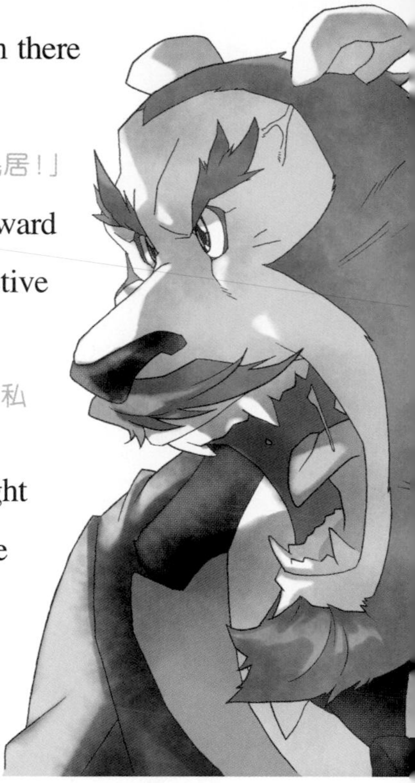

around and yelled, "Ralph! Call the police right now! Tell them there are **intruders** **trespassing** on my property!"

老上校青筋暴現，轉身大叫：「拉爾夫！馬上給我報警，說有人擅闖民居！」

"Sir, if I may introduce myself," said Holmes as he leaned forward and handed his name card to the colonel. "I am a private detective from London and…"

「請息怒。」福爾摩斯趨前，並交上名片自我介紹，「我是倫敦來的私家偵探——」

"I don't care who you are! All of you, get off my estate right now!" Before Holmes could even finish his self-introduction, the colonel had already snatched the name card from Holmes's hand, torn it in half then tossed it **irritably** onto the ground.

「我不管你是甚麼偵探！總之馬上給我一起滾！」他不待福爾摩斯說完，已一手奪過名片把它撕成兩半，然後用力地擲在地上。

"Ralph! Call the police! Call the police right now!" demanded the colonel when the old butler reappeared at the front door.

「拉爾夫，報警！快給我報警！」老上校向聞聲趕來的老僕人再次喝令。

"You won't call the police," said Holmes all of a sudden.

「你不會報警的。」福爾摩斯出其不意地說。

Taken aback, the old colonel **growled**, "Why wouldn't I call the police?"

老上校先一呆，但馬上又喝問：「甚麼？為甚麼我不會？」

"Because of your son."

「為了你的兒子。」

"What do you mean?"

「甚麼意思？」

"You don't want to expose your son's secret."

「你怕兒子的秘密會被揭穿。」

"Secret…? We don't have any secrets!"

「秘……我們沒有秘密！」

Glossary intruder(s) (名) 不速之客 trespass(ing) (動) 擅自進入 irritably (副) 暴躁地 growl(ed) (動) 怒吼

"Is that so? By all means, please call the police then."

「是嗎？那麼請報警吧。」

"You…!" The old colonel was so **infuriated** that he was lost for words.

「你……！」老上校氣得說不出話來。

Holmes slowly pulled a sheet of paper out of his notebook. He wrote a single word on the paper and handed it to the colonel.

福爾摩斯慢條斯理地從記事本中撕下一張紙，寫了一個字遞過去。

The old colonel's face was filled with **apprehension** when he took the notepaper from Holmes's hand. After just one look at the written word, the colonel felt weak at the knees and **caved in** **like a deflated ball**.

老上校的臉上閃過一下不安，戰戰兢兢地接過字條，但只看了一眼，全身就像泄了氣的皮球似的幾乎要塌下來了。

The sight of the defeated colonel **bewildered** both Watson and Dodd. Exactly what did Holmes write in that sheet of paper that could make the raging colonel lose his will to battle?

華生和多德都驚訝萬分，福爾摩斯究竟寫了甚麼，可以在一剎那間，令殺氣騰騰的上校戰意盡失呢？

It took the old colonel a great deal of effort to steady his footing. He asked in a **frail** voice, "You… How did you know?"

老上校好不容易才站穩腳步，他有氣無力地問道：「你……你怎知道的？」

Glossary infuriated (形) 憤怒的、生氣的　apprehension (名) 憂慮、擔心　cave(d) in (片語動) 屈服、妥協　like a deflated ball (片語) 像泄了氣的皮球　bewilder(ed) (動) 困惑　frail (形) 虛弱的

"I'm sorry, but this is my **expertise**," said Holmes. "I am very skilled at uncovering secrets."

「真抱歉，這是我的專業。」福爾摩斯道，「我最擅長看穿別人的秘密。」

"I give up. If you really wish to see Godfrey, then go see him." With his **sturdy fortress** breached by Holmes's one written word, the **disheartened** colonel continued **wistfully**, "I knew this day would come eventually. I give up. You can go see him."

Tears welling in his eyes, Colonel Emsworth gestured towards Ralph, who was **staggered** by the colonel's sudden change in **demeanour**.

「算了，你們想見葛菲的話，就去見他吧。」老上校那堅固的城牆已被福爾摩斯的一個字攻破了，他悲痛欲絕地說，「我知道這一天終會來臨的……算了……你們去見他吧。」說完，他含着眼淚向呆在一旁的老僕人擺了擺手。

The old butler slowly came back to his senses then turned **clumsily** to the three men and said, "Sirs, this way please." Leading the way in trembling steps, Ralph took the men to the small wooden houses on the other side of the vast lawn. Rocky the black dog followed loyally beside its master with its tail **wagging** calmly.

「啊……」老僕人如夢初醒般，有點手足無措地向福爾摩斯他們說，「三位，請跟我來吧。」說着，就顫巍巍地向草坪另一邊的那幾間木屋走去。那頭黑狗洛奇馬上站起來，搖着尾巴跟在主人後面。

After reaching the particular house that Dodd had mentioned earlier, Ralph knocked on the front door gently several times and said, "Dr. Kent, Master Godfrey's friends are here to see him."

走到多德描述過的那間木屋前面，老僕人停下來，輕輕地敲了幾下門，並說：「肯特醫生，葛菲少爺的朋友來看他。」

Dr. Kent? There is a doctor on this estate? wondered Watson.

華生心想：「肯特醫生？這裏也有醫生嗎？」

Before Watson had time to think it through, Holmes whispered in his ear, "Just as I had

Glossary expertise (名) 專長　sturdy fortress (形+名) 堅固的堡壘　disheartened (形) 沮喪的　wistfully (副) 傷感地　staggered (形) 嚇呆的、震驚的　demeanour (名) 態度　clumsily (副) 笨拙地、不靈活地　wag(ging) (動) 搖擺

expected, there is a **peer** of your profession in this place."

還未搞清是甚麼一回事，福爾摩斯已輕聲在他耳邊說：「一如所料，這裏也有你的同行呢。」

Just as he had expected? Watson was greatly surprised by Holmes's words. *Is it possible that Holmes knew all along there's a doctor here? How did he know?*

「一如所料？」華生暗自吃驚，難道老搭檔一早已知道這裏有個醫生，他是怎樣知道的？

The men waited outside the front door for a while but there was no response from the house, so Ralph decided to turn the doorknob and open the door himself. As soon as they stepped into the house, they could see a man standing in the living room with his back towards them, staring at the burning fireplace.

可是，等了一會，屋內沒有任何反應。老僕人只好推門進去，一踏進屋內，只見一個人站在廳中，背對着大家，呆呆地看着壁爐的柴火。

"Godfrey!" exclaimed Dodd, recognising this man straightaway. "I've come to see you."

「葛菲！」多德一眼就認出那人，「我來看你了。」

As the man slowly turned around, his unevenly blanched face was exposed to all eyes.

那人緩緩地轉過身來，把那張蒼白得並不均勻的面容暴露於眾人眼前。

"Oh God! Is that…?" uttered the **astounded** Watson. In that instant, the name of a disease flashed across his mind, a disease so dreadful that the **mere** mentioning of the name could bring **immense** fear in people!

「啊！難道……」華生赫然一驚，剎那間，心中閃過一個疾病的名字，一個令人聞風喪膽的疾病的名字！

Watson could also tell from the **contour** of Godfrey's face that Godfrey must have

Glossary peer (名) 同業　astounded (形) 震驚的　mere (形) 僅僅的、只不過的　immense (形) 極大的　contour (名) 輪廓

been a very handsome young man before he got sick. His good looks in the past must have brought on extensive mental and emotional **agony** on top of the physical discomfort he was suffering. The extreme change could often result in more unbearable misery.

更不幸的是，華生從他臉上的輪廓可知，在病發之前，他肯定是個英俊的美男子。不過，從前那張俊美的臉，只會加深他的痛苦。巨大的落差，往往是加劇痛苦的根源。

Godfrey was shocked for a moment to see his best mate standing before him. He quickly gathered his senses and said, "You are here at last, Dodd. When I saw you that night, I knew you would come back for sure. I know you too well. You are not a man who would give up easily when it comes to pursuing the truth."

葛菲有點激動地呆了半晌後，才說道：「你終於來了，那天晚上看到你後，我就知道你一定會再來。我很了解你，你不是一個輕易放棄追尋真相的人。」

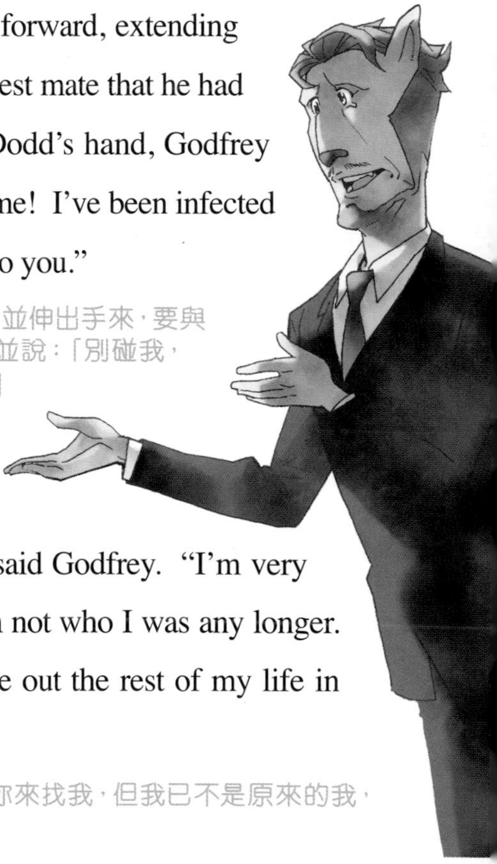

"So why did you avoid me?" Dodd took a large step forward, extending his arm towards Godfrey, wishing to shake the hand of his best mate that he had not seen for a long time. But instead of taking Dodd's hand, Godfrey raised his arm to stop Dodd, "Please don't touch me! I've been infected with a terrible disease. I don't want to pass it onto you."

「那為何要避開我啊！」多德興奮地大步踏前，並伸出手來，要與久別重逢的戰友握手。可是，葛菲舉手制止了他，並說：「別碰我，我得了可怕的疾病，會傳染給你。」

"I'm not scared."

「我不怕。」

"I know, because you are my best mate," said Godfrey. "I'm very happy that you've come looking for me, but I'm not who I was any longer. I cannot show my face in public. I can only live out the rest of my life in hiding.

「我明白，你是我最好的朋友。」葛菲道，「我很高興你來找我，但我已不是原來的我，我不能公開露面，只能躲起來苟且偷生。」

"Why? Why do you need to do that?"

「為甚麼？為甚麼要這樣？」

"It's a long story." Godfrey let out a deep sigh before continuing, "Remember the battle at Diamond Hill? In the midst of turmoil, Anderson, Simpson and I got separated

Glossary agony (名) 痛苦

from the rest of the cavalry and were soon surrounded by enemy troops. We decided to fight our way out. Both Anderson and Simpson died from enemy gunfire. I also took a bullet in my right arm, but luckily my horse's strong fighting spirit pulled me through. My horse was shot many times in the hail of bullets, but it kept **sprinting** until we broke through the enemy line. My brave **stallion** kept running for several more miles before it finally **keeled over** in a forest.

「說來話長……」葛菲深深地歎了一口氣，「你記得鑽石山那場戰役嗎？在混亂中，我、安德森和辛普森三個人與騎兵大隊失散了，後來更被敵軍重重包圍，在突圍時，他們兩個中槍身亡。我的右臂也中了一槍。不過，幸好我的坐騎戰意頑強，牠在槍林彈雨中雖然中了多槍，但也拚死突圍而出，還跑了好幾哩路才在一個樹林中倒下來。」

"Oh my God..." Dodd shared Godfrey's sadness as he listened to Godfrey's story.

「啊……」多德欲語無言。

"I fell off the horse and passed out on the ground. I must've been out for a long while, because by the time I was awakened by the icy raindrops, the night had already fallen. I used my left hand to press onto the gun wound on my right arm, got up on my feet and noticed a large house not too far away. As you know, the temperature difference between day and night in South Africa was pretty extreme. The nights could be cold as winter. I knew that in my weakened physical condition, I probably wouldn't be able to survive if I were to stay outdoors through the night, so I decided to bear the pain and walk to the house. As soon as I stepped into the house, I could see rows of empty beds inside and it felt like a safe place to me. By then, I was just too **exhausted** and my knees gave in. I collapsed onto one of the beds and fell asleep." Godfrey paused for a moment before he **grimaced** and shook his head, "But I had no idea at that time that was only the beginning of an **eternal** nightmare!"

「我從馬背上摔下來，倒在地上昏了過去。冰冷的雨水打醒了我的時候，天已黑了，我捂住流血的傷口站起來，發現不遠處有一間只有一層高的大房子。你知道，當地的溫差很大，夜晚會變得非常寒冷，如果繼續留在野外，我那虛弱的身體一定熬不了多久。於是，我忍着劇痛走了過去，推門走進了屋子，看到一排排的床。我以為安全了，也實在太累了，雙腿發軟，就倒在一張床上，迷迷糊糊地睡着了。」葛菲說到這裏，面容扭曲地搖搖頭，「不過，我當時並不知道，這才是惡夢的開始！」

Glossary sprint(ing) (動) 全速跑、奮力跑　stallion (名) 馬　keel(ed) over (片語動) 倒下
exhausted (形) 筋疲力盡的　grimace(d) (動) 臉部扭曲　eternal (形) 永無休止的

The Beginning of a Nightmare 惡夢的開始

Sunrays were already beaming brightly onto my bed by the time I finally woke up the next morning. As soon as I opened my eyes, I was greatly taken aback because a group of ugly faces were surrounding my bed. They stared at me curiously as they whispered in each other's ears. I could not understand what they were saying, but I was pretty sure that they were all talking about me.

我醒來的時候，太陽已照到我的床上，那是第二天的早晨。我一睜開眼就嚇了一跳，因為一羣面容醜陋的人正圍在我的床邊，好奇地看着我。他們吱吱喳喳地交頭接耳，不知在說甚麼，但我感覺到他們是在談論我。

Before I could think of what to do next, a very short but strong man pushed his way through all those people and came to my bedside. He began shouting at me angrily and even tried to pull me off the bed.

我還未想到該怎辦時，一個非常壯健的矮個子推開其他人，怒氣沖沖地走到床邊，呱呱呱地向我大罵，還使勁地想把我拉下床。

When I tried to **yank** his grip off my arm, my wound was **agitated** and I started screaming in pain. Instead of helping me, those spectators around my bed **sneered** and cheered in excitement.

我奮力反抗，企圖甩開他，但這也觸動了我的傷口，痛得我高聲慘叫。其他人看到這個情景，不但沒有來幫忙，還好像看熱鬧似的大笑起來。

Just then, an old gentleman walked into the room. Unlike the others, he had a normal face and he seemed to be a man of authority. He let out a commanding shout and the group of spectators **dispersed** right away.

就在這時，一個老人剛好走進來，他的面容正常，而且很有威嚴，那羣人聽到他大喝一聲，馬上就散開了。

Glossary yank (動) 猛拉　agitate(d) (動) 觸碰、觸動　sneer(ed) (動) 嘲笑、譏諷　disperse(d) (動) 散開

The old gentleman came to my bedside and said to me in English, "Young man, what brought you here?"

老人走到我床邊，用英語說：「你怎麼會在這裏的？」

Soon after the old gentleman asked the question, he noticed my wound before I gave my reply, "Oh my God! You're wounded, and pretty badly too."

但我還未回答，他已看到我的傷口：「天啊！你受傷了，看來還傷得很重。」

I nodded, "Yes, I was shot in the shoulder."

我點點頭，說：「是的，我胳膊中了槍。」

The old gentleman gave me a **once-over** then asked, "From the look of your uniform, you must belong to the cavalry of the British army. I heard that there was a fierce battle over at Diamond Hill yesterday. Were you…?"

老人仔細地打量了一下我，問道：「看你身穿的制服，應該是英軍的騎兵吧？我知道昨晚在鑽石山那邊發生了一場激戰，難道……」

I nodded in silence.

我無言地頷首。

"You might've survived the **perils** of a fierce battle, but if I were you, I would not have slept in this bed," said the old gentleman as he pointed at my bed.

「你雖然大難不死，不過我是你的話，一定不會睡在這張床上。」老人指着我的床說。

I thought he meant I should not have occupied someone's bed without asking for permission first, so I explained my circumstances, "I apologise for my ***intrusion***, but I was wounded and was just too exhausted last night. Since I didn't see anyone here, I just **plopped down** and fell asleep."

我以為他指我不該佔用他人的床，於是連忙解釋：「對不起，恕我冒犯了。昨夜太累，也看不到這裏有人，所以隨便就睡下來了。」

Glossary once-over (名) 上下打量、掃視 peril(s) (名) 危險 intrusion (名) 擅闖 plop(ped) down (片語動) 倒下

"No, you're misunderstanding me," said the old gentleman as he shook his head. "What I mean is that this bed is more dangerous than the battlefield."

「不、不、不。」老人搖搖頭，「你誤會了，我的意思是，睡這張床比起你在戰場上衝鋒陷陣更危險。」

I did not understand what he was saying, so I just looked at him **blankly**.

我不明白他的意思，只能茫然地看着他。

"These beds are for patients suffering from an **infectious disease**, and that includes the bed you're in right now." The old man took a pause before uttering the name of that particular disease. I was stunned speechless as soon as I heard the name, as though my head was struck by lightning.

「這裏的床都是給傳染病病人睡的，你睡的這張也不例外。」老人一頓，然後說出了那個傳染病的名字，那就像一下轟雷打在我的腦門上，嚇得我登時呆了。

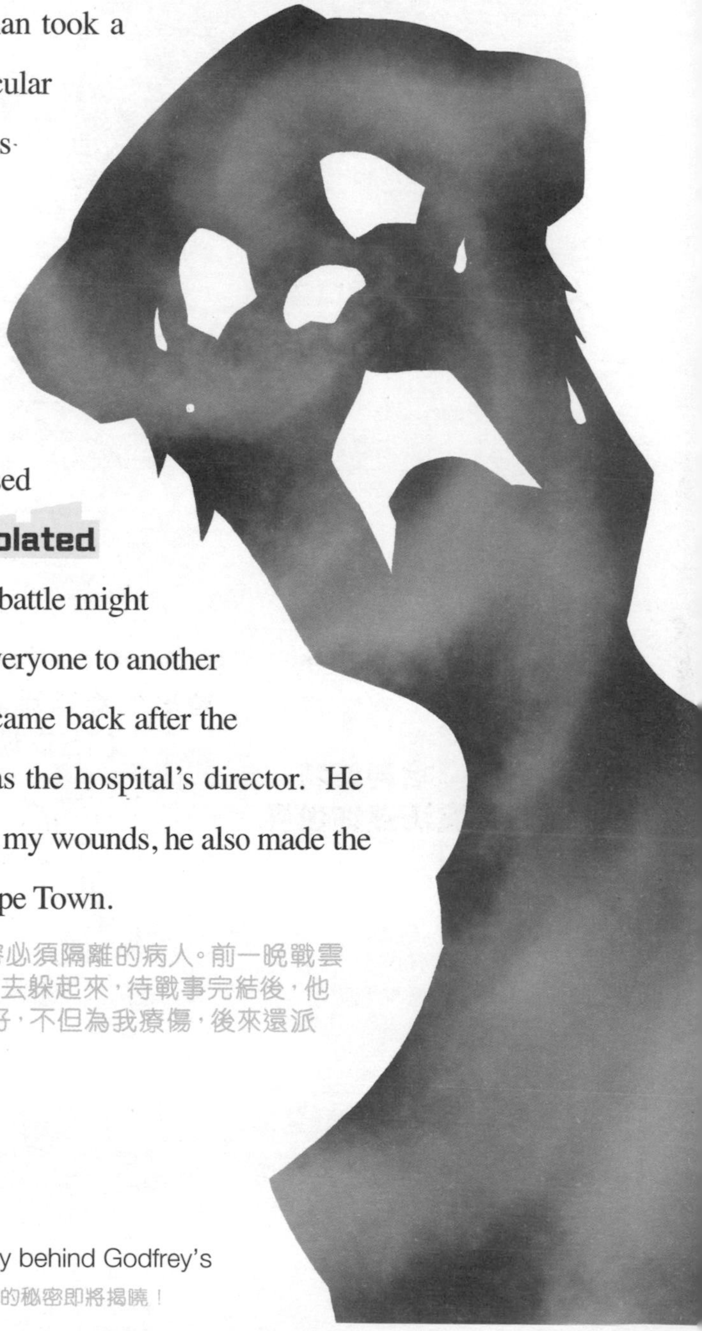

I found out later that hospital specialised in taking in patients who needed to be **isolated**. The hospital was worried that the ongoing battle might spread to their area, so they *evacuated* everyone to another location the night before I went in. They came back after the fighting was over. That old gentleman was the hospital's director. He was a very kind man. Not only did he treat my wounds, he also made the arrangements to send me to a hospital in Cape Town.

後來我才知道，那裏是一間病院，專門收容必須隔離的病人。前一晚戰雲密佈，他們恐被戰事波及，於是撤退到別的地方去躲起來，待戰事完結後，他們又回來了。那個老人，是病院的院長，他人很好，不但為我療傷，後來還派人送我到開普敦的醫院去。

Next time on **Sherlock Holmes** — The mystery behind Godfrey's missing is about to be revealed! 下回預告：葛菲失蹤的秘密即將揭曉！

Glossary blankly (副) 茫然地、毫無表情地　infectious disease (形+名) 傳染病　isolate(d) (動) 隔離　evacuate(d) (動) 撤離

快樂大獎賞 解構健康世界

休息時也動動腦筋、活動身體吧！

參加辦法

於問卷上填妥獎品編號、個人資料和讀者意見，並寄回來便有機會得獎。

A LEGO®City 60319 消防救援和警察追捕戰

1名

救火救人，維護社會和平就全靠你了！

B 《大偵探福爾摩斯》實戰推理系列③及④

1名

看故事，考驗推理能力！

C 推銀機動作遊戲

1名

不用到遊樂場也能玩遊戲。

D 大偵探福爾摩斯口罩(30個)

1名

福爾摩斯陪你一起防疫吧！

E Hello Kitty 天使小藥箱

1名

拿起藥箱，當個小醫生！

F 小城故事 拼裝積木：灘滑梯

1名

打造專屬於你的遊樂場。

G 哈利波特 魔法迷你世界

2名

與榮恩一起學習魔法吧！

H 角落生物珍珠壓紋砌圖(150塊)

1名

可愛漂亮的砌圖，你認得全部角色嗎？

I LEGO 10781 Spidey Miles Morales: Spider-Man's Techno Trike

1名

重現蜘蛛俠與綠魔的戰鬥！

第 74 期得獎名單

Ⓐ 角落生物 DIY 班戟套裝	梁梓軒
Ⓑ《大偵探福爾摩斯》實戰推理系列①及②	葉卓鈴
Ⓒ Qman Keepley 多啦 A 夢 水泥管空地情境造型積木	袁芷悠
Ⓓ J'adore 馬賽克拼圖	陳康臨
Ⓔ LEGO®DC Super Heroes 76179 Batman™ & Selina Kyle™ Motorcycle Pursuit	魯之晨
Ⓕ《大偵探福爾摩斯》數學遊戲卡	葉希朗
Ⓖ 屁屁偵探 事務所之謎	潘慧幗
Ⓗ 哈利波特魔法迷你世界 • 朋友套裝(哈利與張秋)	趙晨燁
Ⓘ Sanrio 磁石留言板及磁石貼	王正怡 林朗軒

截止日期 2022 年 7 月 14 日
公佈日期 2022 年 8 月 15 日 (第 78 期)

- 問卷影印本無效。
- 得獎者將另獲通知領獎事宜。
- 實際禮物款式可能與本頁所示有別。
- 本刊有權要求得獎者親臨編輯部拍攝領獎照片作刊登用途，如拒絕拍攝則作棄權論。
- 匯識教育有限公司員工及其家屬均不能參加，以示公允。
- 如有任何爭議，本刊保留最終決定權。

特別領獎安排

因疫情關係，第 74 期得獎者無須親臨編輯部領獎，禮物會郵寄到得獎者的聯絡地址。

SAMBA FAMILY

One Happy Family?

ARTIST: KEUNG CHI KIT **CONCEPT: RIGHTMAN CREATIVE TEAM**

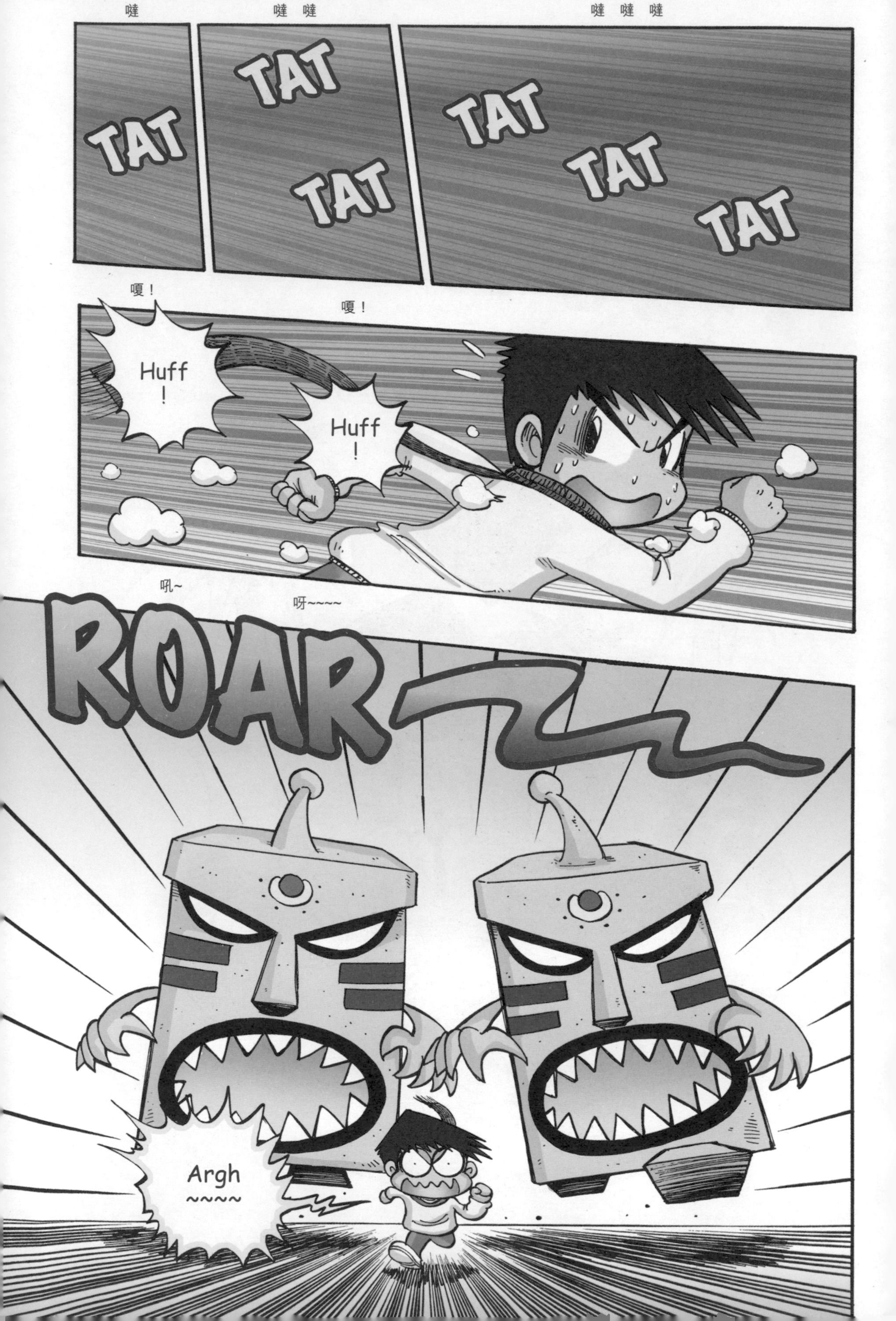
噠
TAT
噠 噠
TAT
TAT
噠 噠 噠
TAT
TAT
TAT
嘎！
Huff
!
嘎！
Huff
!
吼~
ROAR
呀~~~~
Argh
~~~~
~~~~

爸爸！森巴！救我！ 啪！ 噢！

伏一 嘩~~~

噗一 咿呀！

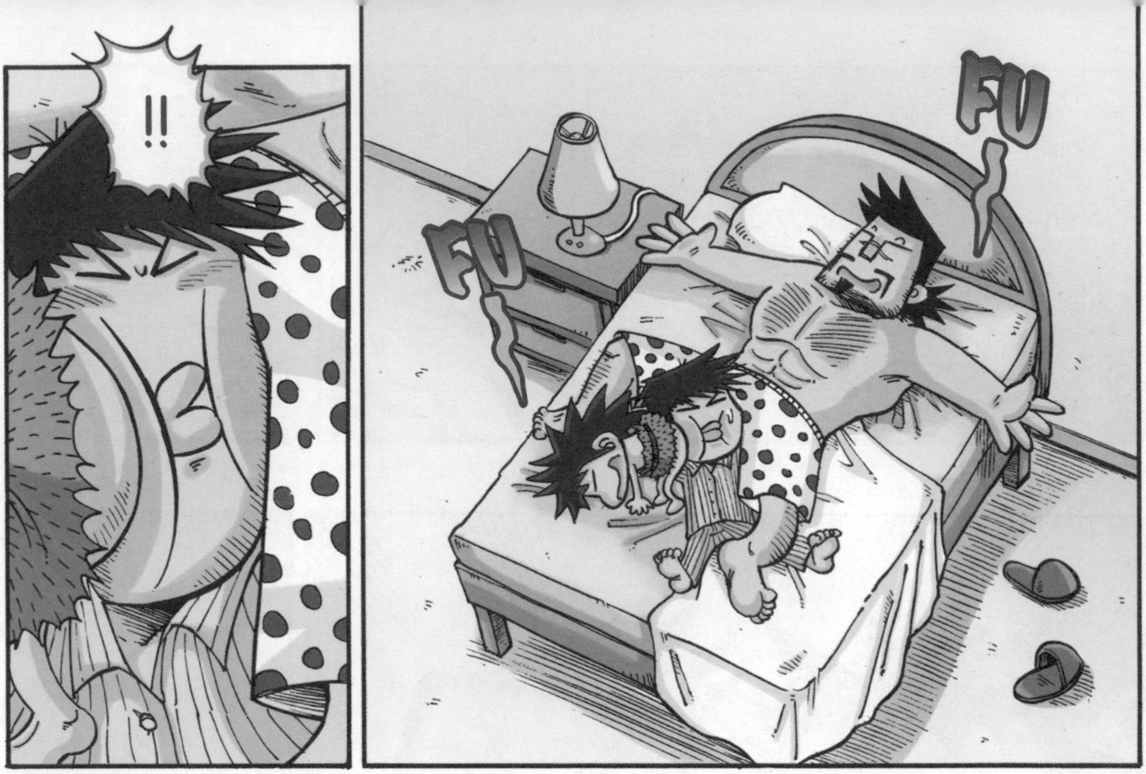
!!
FU
FU

喝— 喝—

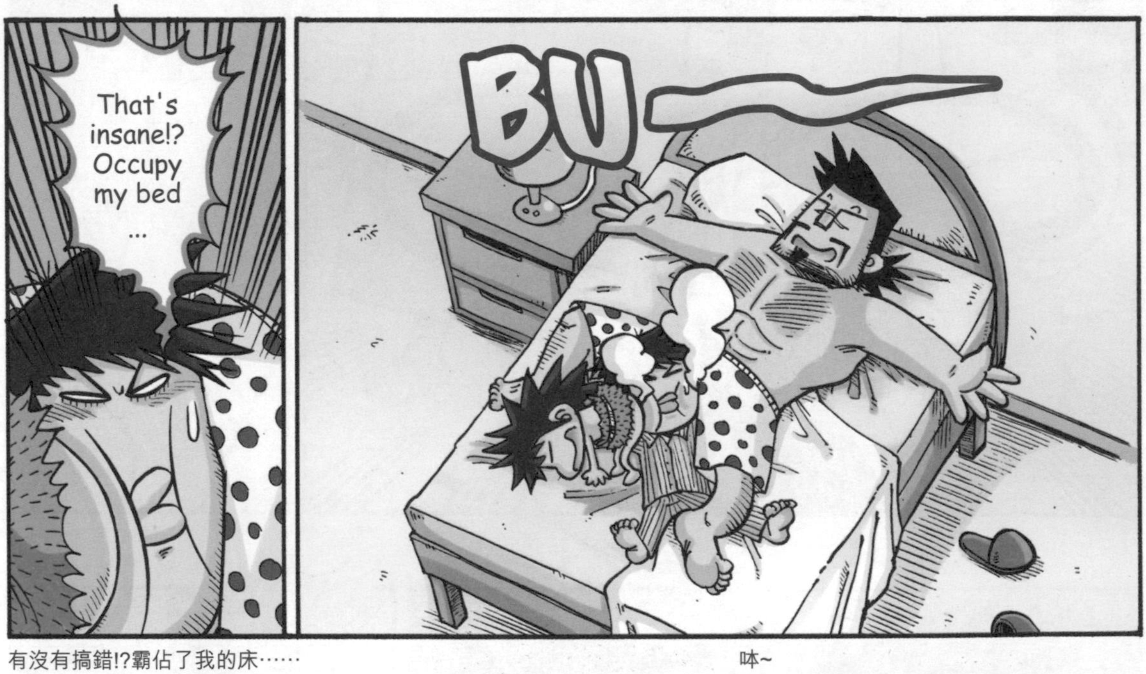
That's insane!? Occupy my bed ...
BU—

有沒有搞錯!?霸佔了我的床…… 咻~

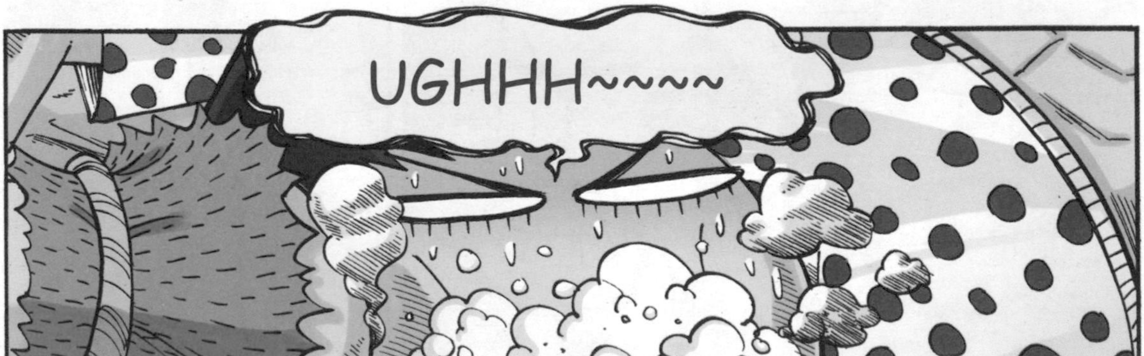
UGHHH~~~~

嘔~~~~

哼！好好睡吧！ 哦 完全不知道發生甚麼事…… 哼！我去刷牙洗臉！

小剛的父母回家了…… 今天，他們終於一家團聚……

咦？是甚麼香味？ 是從這裏傳出來的！

媽媽！

你怎麼這麼早起床!?
你在做甚麼實驗？

早安，小剛。

咦！時間到了！

噗噗噗……

是不是實驗成功了？

終於做好煎蛋了……　　砰—　　糖

原來你在這兒做早餐！

是啊！天沒亮我就起床了，
應該很快就能吃！

小剛，去叫醒爸爸和森巴！

是！

嘻~~~ 嘻~~~

What are you guys doing !?
We are doing morning exercises !!

30 minutes of exercise in the morning ...
Healthy and energetic !!
Hmm

你們在幹甚麼!? 我們在做早操!! 早上起來做三十分鐘運動…… 健康又精神!! 嗯

試試吧！ 擊倒！ 喝 哇~~~

咔喇— 好！開動！

嚼 嚼 嚼 嚼 嚼 呀~~~ 我 幫 你

嘔~~~~

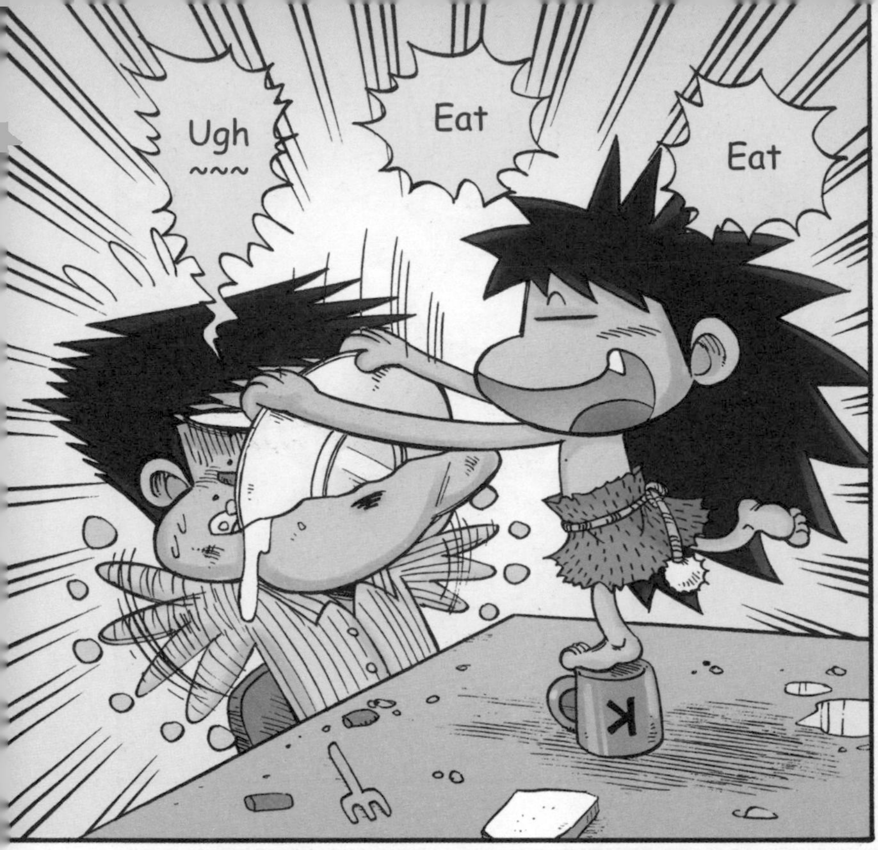
Ugh
~~~
Eat
Eat

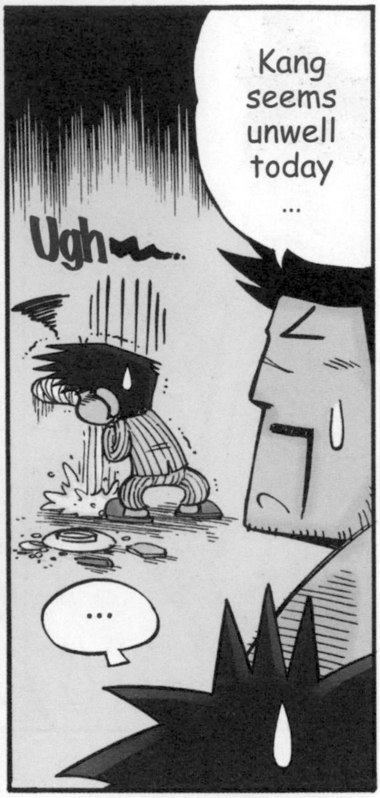
Kang seems unwell today ...
Ugh~~~...
...

嗚~~~ 吃 吃 小剛今天好像不是很舒服……

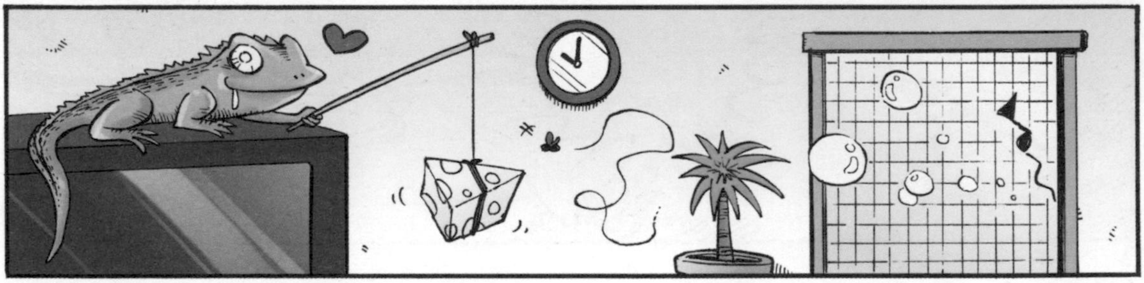

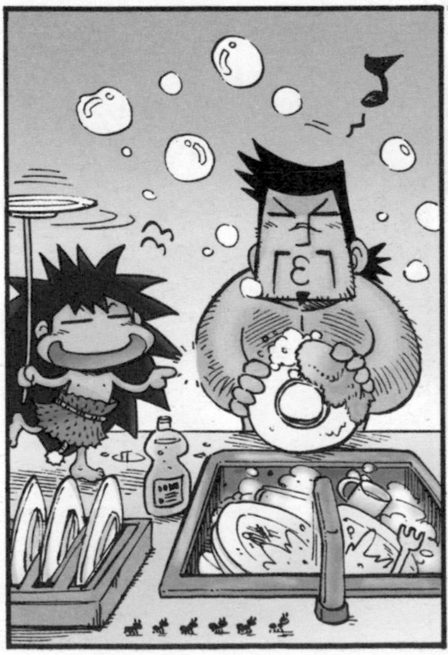

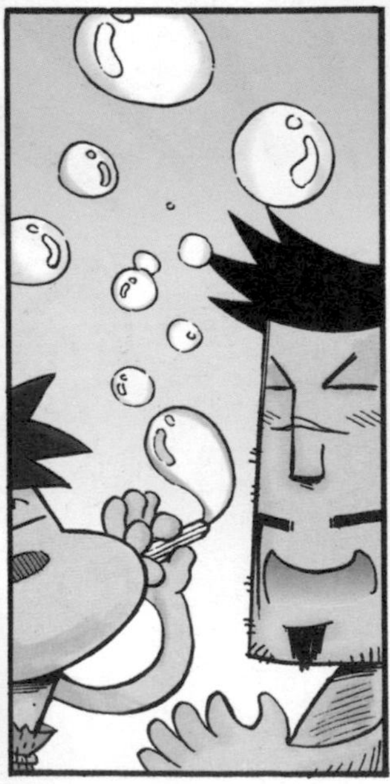

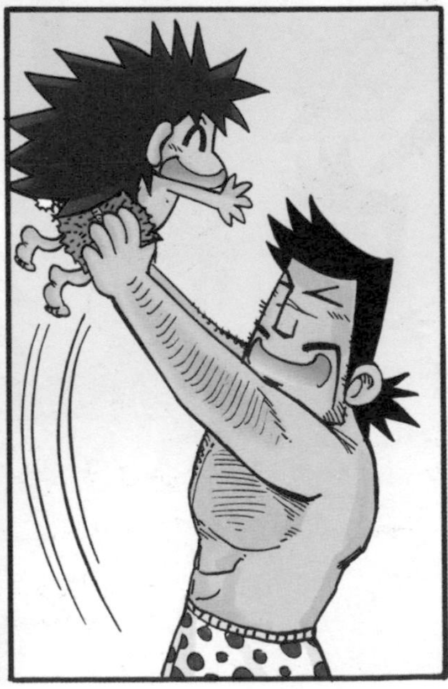
~~~

唉……再這樣下去我活不了
多久了……

啊？媽媽？

哇！那是甚麼？

砰—

這些是我們的家庭相簿。

有你小時候的相片啊。

甚麼？

這是誰啊？

哈哈……那是你
一歲時的樣子！

原來我小時候這麼醜……

哈……我們終於把碗洗乾淨了！ 你們都濕透了！ 唏!!

全身乾爽！ 我濕透了…… 一起看相片吧！

看！這張是我們幾天前去的那個島！ 啊！還有機長呢！ 這個是……？ 森

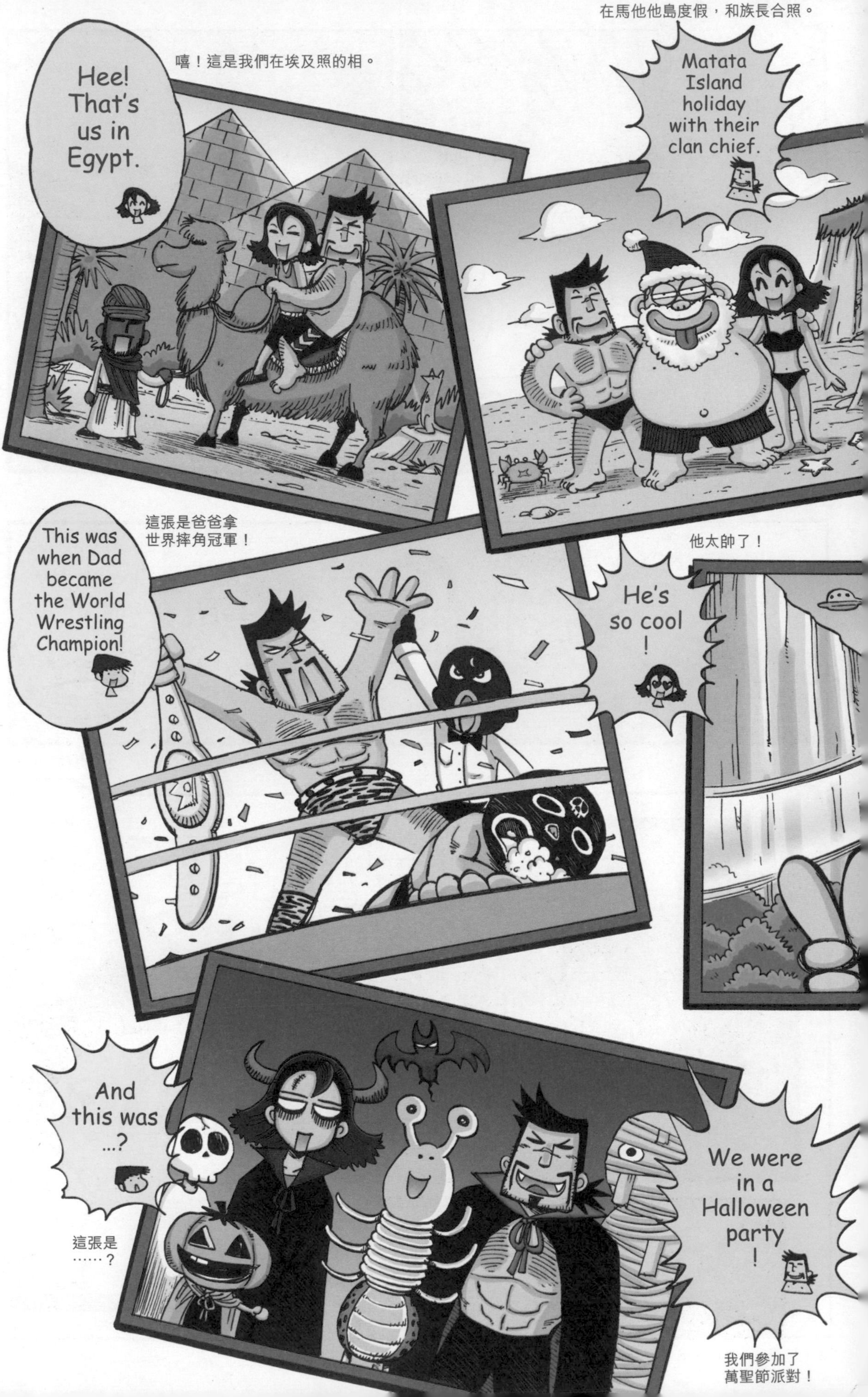
嘻！這是我們在埃及照的相。
Hee! That's us in Egypt.
在馬他他島度假，和族長合照。
Matata Island holiday with their clan chief.
這張是爸爸拿世界摔角冠軍！
This was when Dad became the World Wrestling Champion!
他太帥了！
He's so cool !
And this was ...?
這張是……？
We were in a Halloween party !
我們參加了萬聖節派對！

嘩！你們甚麼時候拍的!?
Wah! When did you take this!?
This was Halloween too?
這張也是萬聖節？
Eee
咦
This is a spiritual photo, the ghost is behind!!
Wah!
這張是靈異照，鬼魂在後面！
嘩！
Oh! Mum and Dad's wedding picture!
Eh?
噢！爸爸媽媽的結婚照！
咦？

Eh
?
This
picture
is
...?
That's
Samba
!
Yup!
You'd
never
guess!
What?
Samba
?

咦？ 這張照片是……？ 是森巴嘛！ 是啊！你猜不到吧！ 甚麼？森巴？

It turns
out that
Samba was
born of a
dinosaur
!?
ROAR
This
one's from
a different
angle.

原來森巴是恐龍生的!? 吼— 還有張不同角度。

BANG
!
Doesn't he look just like a dinosaur !?
砰一
他扮恐龍扮得多像!?
Ah !
That picture!
啊！ 那張照片！
It's taken when Samba was born in Africa!!
是森巴在非洲出生那刻照的!!
It's so memorable !
很有紀念價值！
Sophie ~~~
James ~~~
Huh ?
蘇菲~~~
占士~~~
吓？
Can that picture solve Samba's birth mystery ?
難道這張照片可以揭開森巴身世之謎？

這是甚麼？ 是彩虹！ 很美啊，占士！ 啊 完……

兒童的學習 NO. 76

請貼上
$2.0郵票

香港柴灣祥利街9號
祥利工業大廈2樓A室
兒童的學習編輯部收

大家可用
電子問卷方式遞交

2022-6-15 ▼請沿虛線向內摺

請在空格內「✔」出你的選擇。

問卷

有關今期內容

Q1：你喜歡今期主題「我們體內的微生物」嗎？
01☐非常喜歡 02☐喜歡 03☐一般 04☐不喜歡 05☐非常不喜歡

Q2：你喜歡小說《大偵探福爾摩斯——實戰推理短篇》嗎？
06☐非常喜歡 07☐喜歡 08☐一般 09☐不喜歡 10☐非常不喜歡

Q3：你覺得SHERLOCK HOLMES的內容艱深嗎？
11☐很艱深 12☐頗深 13☐一般 14☐簡單 15☐非常簡單

Q4：你有跟着下列專欄做作品嗎？
16☐巧手工坊 17☐簡易小廚神 18☐沒有製作

*讀者意見區

*快樂大獎賞：
我選擇(A-I)

只要填妥問卷寄回來，
就可以參加抽獎了！

感謝您寶貴的意見。

*本刊有機會刊登上述內容以及填寫者的姓名。

請沿實線剪下

請沿實線剪下

請在此部分塗上膠水。

請在此部分塗上膠水。

讀者檔案

#必須提供

#姓名：	男 女	年齡：	班級：
就讀學校：			
#聯絡地址：			
電郵：	#聯絡電話：		

你是否同意，本公司將你上述個人資料，只限用作傳送《兒童的學習》及本公司其他書刊資料給你？（請刪去不適用者）

同意/不同意　簽署：________________　日期：________年______月______日

「收集個人資料聲明」可參看右頁

讀者意見

A 學習專輯：我們體內的微生物

B 大偵探福爾摩斯——實戰推理短篇 洗手間驚魂

C 巧手工坊：拍拍微生物大作戰！

D 讀者信箱

E 成語小遊戲

F 簡易小廚神：泰式香蕉煎餅

G 食物Quiz

H 1分鐘提升閱讀能力

I SHERLOCK HOLMES：The Blanched Soldier⑥

J 快樂大獎賞

K SAMBA FAMILY：One Happy Family?

＊請以英文代號回答**Q5**至**Q7**

Q5. 你最喜愛的專欄：

第 1 位 19__________　第 2 位 20__________　第 3 位 21__________

Q6. 你最不感興趣的專欄： 22__________　原因：23__________

Q7. 你最看不明白的專欄： 24__________　不明白之處：25__________

Q8. 你覺得今期的內容豐富嗎？

26☐很豐富　27☐豐富　28☐一般　29☐不豐富

Q9. 你從何處獲得今期《兒童的學習》？

30☐訂閱　31☐書店　32☐報攤　33☐OK便利店

34☐7-Eleven　35☐親友贈閱　36☐其他：__________

Q10. 你最常在圖書館借閱哪類型的書？（可選多項）

37☐中文小說　38☐英文小說　39☐人物傳記　40☐歷史故事

41☐心理學/心靈健康　42☐動植物百科　43☐地圖地理　44☐手工藝製作

45☐科學/STEAM　46☐美術/音樂　47☐其他：__________

Q11. 你還會購買下一期的《兒童的學習》嗎？

48☐會　49☐不會，請註明：__________